KB071577

jamovi 를 이용한

알기 쉬운
통계분석

-기술통계에서 다층모형까지-

| 성태제 저 |

학지사

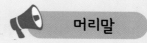

제4차 산업혁명의 물결은 세차고 어떻게 진행될지에 대한 예측은 어려우나 세상은 엄청나게 변화할 것이라는 데 이의를 제기하는 사람은 없다. 인공지능, IoT, 로봇, 자율 주행 운송수단, 바이오 신기술, 드론 그리고 빅데이터 등에 대한 관심이 높아지고 있다. 제4차 산업혁명은 인공지능이 주도할 것이고, 빅데이터가 이를 뒷받침할 것이다. 특히 빅데이터에 대한 분석은 자연 현상뿐 아니라 인간의 행동을 보다 쉽게 예측할 것이다. 이런 시대적 상황에서는 이성주의(rationalism)보다는 경험주의(empiricism)가 과학 분야에서 주류를 이룰 것이므로 제4차 산업혁명 시대를 살아가는 우리에게는 컴퓨터를 이용하여 자료를 수집·분석하고 해석하는 능력이 요구된다.

행동과학을 전공한 저자는 객관적으로 자료를 수집하고 수집한 자료를 분석하는 능력을 중요시 여겨 이와 관련한 책들을 집필해 왔다. 그중에 하나가 『알기 쉬운 통계분석(이하 '알통'으로 표현)』이다. 『알통』은 많은 독자의 사랑을 받아서 계속 개정되어 출판되고 있다. 이러한 와중에 2018년 오스트레일리아의 통계학자들이 무료공개 프로그램인 jamovi를 출시하였다. Jonathon Love, Damian Dropman, Ravi Selker가 R에 기반을 두고 개발한 jamovi는 GUI(Graphic User Interface) 프로그램으로서 실행이 편리하고 자료와 분석 결과를 컴퓨터 화면에서 동시에 볼 수 있어 많은 관심을 받게 되었다. 특히 무료라는 경제성과 편리성 때문에 이 프로그램을 소개하는 책자가 발간되고 연수가 많이 개최되고 있다.

대학원생들이나 연구원들이 자신의 자료를 쉽고 편리하게 그리고 무료로 분석할 수 있도록 도와줄 수 있다면 이 또한 보람 중에 하나일 것이라 생각하여 『알기 쉬운 통계분석』을 jamovi로 분석하는 책을 출판하게 되었다. 원래는 『SPSS를 이용한 알통』에 jamovi 버전을 추가하려고 하였으나 책의 부피가 너무 부담스러워 『jamovi를 이용한 알기 쉬운 통계분석』을 출간하게 되었다. 『jamovi 알통』을 출간하게 된 것은 Love, Dropman, Selker의 덕분이다. 이 분들에게 진심어린 감사를 표한다. 이 책이 나오기까지는 박사과정생인 안선영과 곽예린의 노고가 컸다. 그들에게 감사한다. 또한 학지사 김진환 사장님과 김순호 편집이사님께 감사드린다.

2019. 9. 1.

성 태 제

머리말에서 언급하였듯이 『jamovi 알통』은 기존에 출판된 『SPSS/AMOS/HLM을 이용한 알기 쉬운 통계분석』의 jamovi 버전이다. 그러므로 동일한 자료를 분석하여 분석 결과도 동일하다. 다만, jamovi 프로그램을 사용하였기에 프로그램 실행 부분이 다르고 분석 결과의 형태가 다를 뿐이다. 독자들이 보다 쉽게 jamovi 를 실행할 수 있도록 분석 실행 절차를 단계적으로 제시하였다는 특징이 있다.

각 통계적 방법에 의하여 분석되는 자료들은 학지사 홈페이지에서 jamovi로 분석할 수 있도록 *.omv파일로 전환되어 있고 자료를 내려받아서 분석하면 된다. jamovi 프로그램은 변수를 영어로 입력하는 것을 기본으로 한다. 한글명의 변수 도 수용하나 간혹 분석 결과에서 변수명이 깨지는 경우가 있어 변수의 이름을 영 어로 하는 것이 바람직하다. 그래서 『jamovi 알통』에서 분석하는 자료의 변수명 을 모두 영문으로 하였다. 또한 『jamovi 알통』은 오직 jamovi 프로그램에 있는 통 계분석 방법을 다루었기에 경로분석이나 구조방정식 모형을 포함하지 않았음을 밝혀 둔다. 이 부분은 『SPSS/AMOS/HLM을 이용한 알통』을 참고하기 바란다.

jamovi 프로그램은 출시된 지 얼마 되지 않고 앞으로 많은 통계방법으로 확장 하는 과정에 있으므로 수시로 개선되고 있다. version의 개념이 아니라 수시로 개 선되고 있으며 개선된 프로그램의 날짜가 명시된다. 그러므로 update된 프로그램 으로 분석하기를 권장한다.

차 례

■ 머리말 3
■ 일러두기 5

제1부 자료와 jamovi

제1장 자료분석   13

    1. 자료분석의 절차   13
    2. 변수의 측정   19

제2장 jamovi 소개   25

    1. 실행 절차   25
    2. jamovi의 창 종류   27

제3장 자료파일   29

    1. 정의와 작성   29
    2. 자료 변환   33

제4장 분석 실행 및 결과   43

    1. 분석 실행   43
    2. 뷰 어   44

제2부 기술통계

제5장 빈도분석   49

  1. 빈도분석   49

제6장 기술통계분석   59

  1. 분석 실행   59
  2. 실행 결과   63

제3부 추리통계와 기본 개념

제7장 분포와 중심극한정리   67

  1. 모집단분포, 표본분포, 표집분포   67
  2. 중심극한정리   71

제8장 가설검정과 유의수준   73

  1. 가 설   73
  2. 오류와 유의수준   77

제4부 집단간 차이분석

제9장 t 검정   83

  1. 기본 가정   83
  2. 단일표본 t 검정   84
  3. 두 종속(대응)표본 t 검정   89

4. 두 독립표본 t검정 94
5. Welch-Aspin 검정 99

제10장 일원분산분석 101

1. 기본 가정 101
2. 일원분산분석 102
3. 사후비교분석 118

제11장 이원분산분석 123

1. 기본 가정 123
2. 이원분산 교차설계 123
3. 이원분산 교차설계의 사후비교분석 135

제12장 반복설계 139

1. 기본 가정 139
2. 반복설계 140
3. 분할구획요인설계 154

제13장 공분산분석 169

1. 기본 가정 169
2. 사용 목적 170
3. 기본 원리 170
4. 분석 실행 171
5. 분석 결과 177
6. 분석 결과 보고 180

제14장 다변량분산분석 183

1. 기본 가정 183
2. 사용 목적 184
3. 기본 원리 184
4. 분석 실행 185
5. 분석 결과 189
6. 분석 결과 보고 192

제15장 χ^2 검정   193

    1. 기본 가정   193
    2. 사용 목적   194
    3. 기본 원리   195
    4. 분석 실행   196
    5. 분석 결과   200
    6. 분석 결과 보고   201

제5부 관계분석

제16장 상관분석   205

    1. 기본 가정   205
    2. 사용 목적   206
    3. 기본 원리   207
    4. Pearson의 적률상관계수   208
    5. 등위상관분석   214

제17장 회귀분석   219

    1. 기본 가정   219
    2. 단순회귀분석   220
    3. 중다회귀분석   228

제18장 로지스틱 회귀분석   245

    1. 기본 가정   245
    2. 사용 목적   246
    3. 기본 원리   246
    4. 분석 실행   247
    5. 분석 결과   255
    6. 분석 결과 보고   259

제6부 모형추정

제19장 다층모형분석   263

    1. 기본 가정   263
    2. 사용 목적   264
    3. 기본 원리   265
    4. 분석 실행   266
    5. 분석 결과   272
    6. 분석 결과 보고   276

제7부 타당도와 신뢰도

제20장 타당도   281

    1. 정의와 개념   281
    2. 종 류   282
    3. 요인분석   284

제21장 신뢰도   299

    1. 정의와 개념   299
    2. 종 류   299
    3. 문항내적일관성신뢰도   302

■ 참고문헌 306
■ 찾아보기 308

제1부

자료와 jamovi

제1장 자료분석

제2장 jamovi 소개

제3장 자료파일

제4장 분석 실행 및 결과

제1장 자료분석

연구는 양적연구와 질적연구로 구분한다. **경험과학**(empirical science)은 일반적으로 자료에 근거한 양적연구가 대부분이다. 양적연구를 통하여 새로운 사실을 발견하거나 기존의 이론을 지지 혹은 거부하기 위해서 수집된 자료를 분석하여야 한다.

 ## 1. 자료분석의 절차

타당하고 신뢰로운 연구결과를 얻기 위해서는 자료수집과 자료분석, 분석 결과에 대한 이해와 해석, 그리고 보고까지 모든 절차가 체계적이고 과학적이어야 한다. 이를 위해서는 자료분석의 계획과 수행, 평가의 절차를 거쳐야 한다.

세부적으로는 다음 **7단계에 따라 자료를 분석**한다.

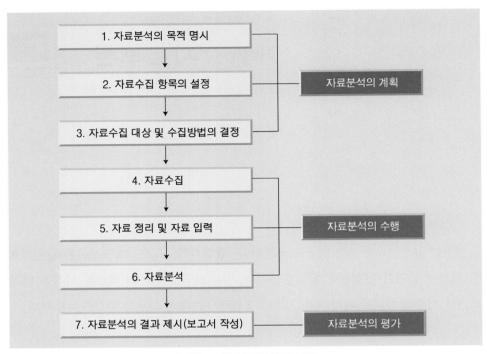

[그림 1-1] 자료분석의 절차

1) 자료분석의 목적 명시

경험과학은 자료에 의존한다. 자료를 수집할 때는 연구목적을 달성하기 위하여 어떻게 자료를 분석할 것인가를 고려하여야 한다. 그러므로 자료를 분석할 때 가장 먼저 고려해야 할 것은 자료를 분석하는 목적을 명료화하는 것이다. 자료를 분석하는 목적이 명료하지 않으면 자료분석의 방향이 적합하지 않아 타당하고 신뢰로운 연구결과를 얻을 수 없다.

2) 자료수집 항목의 설정

일단 자료를 분석하는 목적과 목표를 적합하게 제시하였다면 그와 같은 목적을 달성하는 데 필요한 자료의 내용과 형태를 구체적으로 설정하여야 한다. 예를 들어, '학습시간이 많을수록 학업성취도가 향상된다.'는 가설을 검정하고자 할 때, '학습시간이 많다.' '학업성취도가 향상된다.' 등의 모호한 개념을 구체화하여야 한다. 즉,

'하루에 평균 몇 시간 공부하는가?', '현재의 학업성취도는 어느 수준인가?' 등과 같이 구체화하여야 한다. 또한 구체적 가설에 따라 수집된 자료의 형태가 어떤 척도에 의한 것인지, 그리고 양적변수 혹은 질적변수인지를 규명하여야 한다.

3) 자료수집 대상 및 수집방법의 결정

"필요한 정보를 가지고 있는 연구대상은 누구인가, 연구대상이 되는 모집단은 무엇이고, 모집단을 대표하는 표본은 어떻게 설정하며, 표본을 어떻게 추출할 것인가?" 하는 문제를 결정한다.

(1) 모집단

필요한 정보를 가지고 있는 연구대상의 총집합, 즉 자료를 수집하고자 하는 연구대상의 전체를 **모집단**(population)이라 한다. 예를 들어, 전국 중학교 3학년 학생 전체, 서울에 있는 기업체에 근무하는 모든 직원, 수도권 지역에 있는 모든 초등학교 등은 하나의 모집단이 될 수 있다. 이와 같은 모집단의 정의는 주로 자료분석의 목적에 의해 결정된다.

(2) 표본

모집단 전체에서 자료를 수집하는 것은 시간과 비용 면에서 비효율적인 경우가 많으며 때로는 불가능하다. 그러므로 모집단을 대표할 수 있는 일정 비율 또는 일정한 수의 부분집합을 추출하여 자료를 수집하는 경우가 대부분이며, 이 경우 일정 비율 또는 일정한 수의 부분집합을 가리켜 **표본**(sample)이라 한다. 자료분석의 경우, 추출된 표본의 특성인 통계치로 모집단의 특성인 모수치를 추정하게 된다. 그러므로 잘못된 표본의 추출은 모집단의 모수치와 거리가 먼 결과를 추정하게 되기 때문에 표본을 추출하는 방법에 보다 세심한 주의를 기울여야 한다. 표본추출방법에 대한 보다 상세한 내용은 '표집방법'이나 '조사연구'에 대하여 기술한 책을 참고하기 바란다.

(3) 자료수집방법

자료를 수집하는 방법은 크게 **조사**(survey)**와 실험**(experiment)**으로 구분할 수** 있다.

첫째, **조사**란 자료수집 대상을 인위적으로 통제하지 않는 '자연적인 상황'에서 자료를 수집하는 방법으로, 현상을 설명하기 위하여 실시하므로 'is'에 관심을 둔다. 자료수집 대상의 범위에 따라 전수조사와 표본조사로 나뉘며, 조사방법으로는 설문조사, 면접조사, 관찰조사 등이 있다.

둘째, **실험**이란 어떤 문제에 포함되는 변수의 효과를 분석할 수 있도록 연구자가 자료 발생의 요인을 통제하여 '인위적인 상황'에서 필요로 하는 특정 자료를 수집하는 방법이다. 실험연구는 일반적으로 통제된 상황에서 결과에 대한 원인을 밝히고자 하므로 'does'에 관심을 둔다.

(4) 케이스, 변수 및 변수값

자료수집의 대상이 되는 개별단위를 가리켜 **케이스**(case) 또는 **사례**라고 한다. 또한 수집하는 자료의 개개 항목을 '**변수**'라 하며, 각 케이스의 변수에 해당하는 값을 변수값이라 한다. 예를 들어, 서부 교육청에 속한 여러 학교를 대상으로 교육환경 조사를 할 경우, 개개의 학교를 케이스라 하고, '설립 유형', '학교 규모', '학급당 학생 수' 등을 변수라 하며, '공립', '사립', '20학급', '60학급', '30명', '50명' 등을 변수값이라 한다.

4) 자료수집

자료분석의 목적, 수집 항목 및 수집 대상과 방법에 따라 실제로 자료를 수집하는 단계로서 조사연구, 실험연구 등을 통하여 타당하고 신뢰로운 자료를 수집하여야 한다.

5) 자료 정리 및 입력

(1) 코딩양식의 설계

수집된 자료를 일정한 규칙에 따라 정리하는 단계를 '**코딩**(coding)' 혹은 '**부호화**'라 하며, 코딩과정에서는 각 변수값에 대해 적절한 코딩값을 할당하고, 자료에 포함되어 있는 오류나 혼동되는 점을 제거하여야 한다. 코딩을 보다 효과적으로 수행하려면, 코딩양식(coding scheme)을 작성하여야 한다.

코딩양식을 작성할 때에는 다음의 몇 가지 사항에 **주의**하여야 한다.

첫째, 각 케이스에 일련번호를 부여한다. 자료의 오류나 불합리한 자료를 확인하기 위해 각 케이스에 일련번호를 부여하여야 한다. 설문조사의 경우 설문지상에 일련번호를 기록하는 난을 미리 설정하지 않았다 하더라도, 일단 설문지가 모두 수거되면 조사자가 인위적으로 일련번호를 부여하고 자료를 입력하는 것이 바람직하다.

둘째, 불성실하게 응답된 설문지를 검토하고 제외 여부를 결정하여야 한다. 이는 성의 없이 응답한 자료가 분석의 대상에 포함되는 것을 방지하기 위한 절차로서, 앞뒤 문항 간에 상호 모순이 발생하는 설문지나 응답하지 않은 문항이 상당수인 설문지는 자료 입력에서 제외할 수 있다. 그렇다고 기대하는 연구결과를 얻기 위하여 연구자가 의도하는 응답을 하지 않은 설문지를 제외하라는 의미는 아니다.

셋째, 단일응답 항목임에도 중복응답이 많은 경우 응답지를 제거할 수 있다. 연구자가 한 가지만을 답하도록 요구하였으나 응답자가 두 가지 이상을 답하는 것은 조사자의 의도와 응답자의 이해 간의 차이가 클 경우에 발생한다. 이 경우 하나의 항목만을 코딩하여야 하므로, 앞뒤 문항의 내용을 기초로 한 가지만을 고르거나 이것이 어려울 경우는 무작위로 하나만 남기고 나머지는 제거한다. 이런 판단이 용이하지 않을 경우 해당 응답을 제거하는 것이 바람직하다.

넷째, 무응답에 관한 사항이다. 응답자가 특정 문항에 대하여 답을 하지 않은 경우에 부여되는 코딩값을 '**결측값**(missing value)'이라고 한다. 결측값이 많으면 분석결과를 해석하는 데 문제가 야기되므로, 조사의 전 과정에 걸쳐 이러한 결측값이 최소가 되도록 세심한 주의를 기울여야 한다.

(2) 자료의 코딩과 자료파일의 작성

코딩양식에 따라 수집된 자료를 컴퓨터에 입력하는 절차를 '코딩'이라 하고, 그 결과로 만들어진 자료를 파일 형태로 저장함으로써 자료파일이 만들어진다. 이때 코딩결과에 대하여 주의 깊게 확인하여 입력오류(input error)를 최소화하려고 노력하여야 한다. 자료파일 작성에 대해서는 '제3장 자료파일'에서 자세히 설명하기로 한다.

6) 자료분석

자료를 종합적으로 요약하여 객관적인 결과를 도출하기 위한 통계는 크게 수집한 자료의 현상을 단순히 요약·정리하여 기술하는 **기술통계**(descriptive statistics)와 표집한 표본자료를 통해 모집단의 특성을 파악하고자 하는 **추리통계**(inferential statistics)로 구분된다. 따라서 각 연구목적에 적합하고, 자료의 특성에 맞는 통계방법을 찾아 자료를 분석하는 것이 중요하다.

7) 보고서 작성

기술통계를 이용하여 분석한 결과는 한눈에 알아보기 쉽도록 표나 그래프로 나타내며, 추리통계를 이용하여 검정한 결과는 해당 검정방법에 적합한 결과표의 양식에 맞추어 정리한다.

2. 변수의 측정

1) 측 정

우주에 존재하는 모든 사물은 다양한데, 그 다양한 정도를 나타내기 위해서는 사물의 속성을 재야 한다. 이렇게 사물을 구분하기 위하여 이름을 부여하거나 사물의 속성을 구체화하기 위하여 수를 부여하는 절차를 **측정**(measurement)이라 한다. 그리고 수를 부여하기 위해서는 단위와 수를 부여하는 규칙이 필요한데, 이는 척도로 해결된다.

2) 측정의 단위: 척도

척도(scale)는 사물의 속성을 구체화하기 위한 측정의 단위다. 이러한 척도의 종류로는 명명척도, 서열척도, 등간척도, 비율척도, 절대척도가 있다.

(1) 명명척도

명명척도(nominal scale)란 사물을 구분하기 위하여 이름을 부여하는 것이다. 예를 들어, 성별, 인종, 색깔 등을 말한다. 명명척도의 특징은 일대일 변환(one to one transformation)으로 하나의 사물은 하나의 이름을 부여받게 된다. 이러한 특징 때문에 일부 학자들은 이름을 부여하는 것이지 척도라 할 수 없다는 주장도 있으나 사물을 구분한다는 차원에서 척도에 포함시킨다.

(2) 서열척도

서열척도(ordinal scale)란 사물의 등위를 나타내기 위하여 사용되는 척도로 성적 등위 혹은 어떤 능력의 서열을 말한다. 서열척도의 특징은 단조증가함수(monotonic increase function) 혹은 단조감소함수(monotonic decrease function)로 척도 단위 사이의 등간성이 존재하지 않는 특징이 있다.

학생들이 얻은 점수를 등위로 변환하였을 때, 그 등위는 서열척도가 된다. 가장 높은 점수를 1등으로 가장 낮은 점수를 최하위 등위로 변환하였을 때 등위와 학업 점수 간의 관계를 도표로 그리면 등위 변화에 따라 점수가 계속 감소한다. 이러한 함수를 단조감소함수라 한다.

척도 단위 사이에 등간성이 존재하지 않음은 1등과 2등의 점수차가 2등과 3등의 점수차와 항상 똑같지 않다는 것을 의미한다.

(3) 등간척도

등간척도(interval scale)는 다음과 같은 특징이 있다.

• 똑같은 간격에 똑같은 단위를 부여하므로 등간성을 지닌다.
• 임의영점과 임의단위를 지닌다.
• 덧셈법칙은 성립하나 곱셈법칙은 성립하지 않는다.

등간척도의 대표적인 예로 온도를 들 수 있다. 등간성이란 5℃에서 10℃ 사이의 온도 차이가 20℃에서 25℃ 사이의 온도 차이와 같다는 것이다. 이것은 열량이 온도를 변화시키므로 5℃에서 10℃로 증가시키는 데 쓰이는 열량이나 20℃에서 25℃로 증가시키는 데 필요한 열량이 같음을 의미한다. **임의영점**이란 온도에서와 같이 0℃가 아무것도 없는 것이 아니라 무엇이 있음에도 불구하고 임의적으로 어떤 수준을 정하여 0이라 합의하였다는 것이다. 즉, something을 의미하지 nothing을 의미하지는 않는다. 또한 **임의단위**란 어느 정도의 변화에 얼마의 수치를 부여한다고 협약한 것이다. 온도의 단위인 ℃는 절대단위가 아니라 얼마의 열량이 소모되어 변화되는 온도를 1℃로 협약하였기에 임의단위라 할 수 있다.

등간척도의 다른 예로 학업성취도 점수를 들 수 있다. 갑돌이의 수학점수가 80점이었고, 을순이의 점수가 60점이었으며, 병식이의 점수가 40점이었다고 하자. 갑돌이와 을순이의 점수차 20점은 을순이와 병식이의 점수차 20점과 동일하다. 25문항으로 구성된 수학시험이라 할 때 갑돌이와 을순이가 맞힌 문항 수의 차이는 5문항이었고 병식이와 을순이가 맞힌 문항 수의 차 역시 5문항이다. 그러므로 수학점수는 등간성을 유지한다. 이때 만약 어떤 학생의 수학점수가 0점이라 하였을 때, 이는 그 학생이 수학능력이 전혀 없음을 의미하지는 않는다. 그 학생은 어느 정도 수학능력은 있으나 0점을 얻었을 뿐이다. 그러므로 0점은 절대영점이 아니라 임의영점이 된다.

등간척도에 있어서 덧셈법칙은 적용되나 곱셈법칙은 적용되지 않는다는 것은 10℃는 5℃에 5℃를 더한 것이라는 사실은 성립되지만 10℃는 5℃의 두 배만큼 더운 것을 의미하지는 않는다. 수학점수의 예에서 갑돌이는 80점을 얻었고, 병식이는 40점을 얻었다는 것으로 갑돌이의 수학능력이 병식이의 두 배라고 말할 수는 없다.

(4) 비율척도

비율척도(ratio scale)란 다음과 같은 특징이 있다.

- 똑같은 간격에 똑같은 단위를 부여하므로 등간성을 지닌다.
- 절대영점과 임의단위를 지닌다.
- 덧셈법칙, 곱셈법칙이 모두 적용된다.

비율척도의 예는 무게 혹은 길이를 들 수 있다. 길이의 예를 들어 비율척도의 특징을 설명하면 다음과 같다.

2cm에서 3cm까지의 실질적 길이는 4cm에서 5cm까지의 실질적 길이와 같고 0점, 즉 0cm는 아무것도 없는 것을 말한다. 0이란 nothing을 말하므로 절대영점이라 하고, 길이의 단위로서 어떤 특정 길이를 1cm로 협약하였으므로 임의단위를 지니고 있다. 1feet란 단위는 길이의 길고 짧음이 체계적으로 비교되지 않던 시절 영국의 Henry IV세가 자신의 발 길이를 1feet로 정하였다. 만약 Henry IV세의 발이 더 컸다면 1feet은 30.3cm가 아니라 그 이상이었을 것이다. 그러므로 1cm, 1feet는 임의단위가 된다.

비율척도에서 0점은 절대영점을 의미하므로 덧셈법칙뿐만 아니라 곱셈법칙도 적용된다. 10cm는 5cm에 5cm를 더한 길이요, 또한 10cm는 5cm의 두 배의 길이라고 말할 수 있기 때문이다.

(5) 절대척도

절대척도(absolute scale)란 절대영점과 절대단위를 가지고 있는 척도로 덧셈법칙과 곱셈법칙 모두 적용된다. **절대영점**은 아무것도 없음을 말하고 **절대단위**도 협약에 의한 것이 아니라 절대적인 것이다. 예를 들어, 사람 수의 0은 사람이 없음을 말하고 한 사람, 두 사람 등은 분명히 셀 수 있는 단위를 가지고 있음을 알 수 있다. 절대척도의 예로 자동차 수, 공의 수 등을 들 수 있다.

경험과학에서 이상의 다섯 가지 척도에 의하여 측정된 모든 변수가 연구의 대상이 된다. 특히, 서열척도, 등간척도, 비율척도에 의한 변수가 연구에서 많이 이용되고 있음을 주지할 필요가 있다.

3) 변 수

우주에 존재하는 만물은 다양하다. 같은 종류의 물건이라도 엄밀히 말하면 똑같은 것이 있을 수 없다. 신발이 똑같고 젓가락이 똑같고 하는 동요는 있을 수 있으나 기계화에 의하여 수만 분의 1 오차도 허용하지 않는 고도의 기술을 요구하는 제품이라도 똑같은 것은 없다. 하물며 인간은 매우 다양하며, 일란성 쌍생아도 같은 부분보다는 다른 부분이 더 많음을 알 수 있다. 따라서 교육에 있어서 개인차의 문제는 중요하게 고려되어야 하며, 개인을 이해하는 데 활용되어야 한다.

변수(variable)는 변하는 모든 수를 말한다. 예를 들어, 사람의 키, 체중 등을 변수라 할 수 있으며, 교육학에서는 이를 오래 전부터 변인이라 하였다. 변수는 X 혹은 Y로 표기한다. 일반적으로 X_i 혹은 Y_i로 표기함은 i번째 X값, i번째 Y값을 뜻한다. 변수와 상반되는 개념으로 상수가 있다. **상수**(constant)는 변하지 않는 고정된 수를 말하며, 일반적으로 C로 표기한다.

변수는 인과관계에 의하여 독립변수와 종속변수로, 속성에 따라 질적변수와 양적변수로 구분하며, 양적변수는 연속성에 의하여 연속변수와 비연속변수로 구분한다.

(1) 독립변수와 종속변수, 매개변수

변수는 인과관계에 따라 독립변수와 종속변수로 구분된다. **독립변수**(independent variable)란 다른 변수에 영향을 주는 변수를 말하며, **종속변수**(dependent variable)란 영향을 받는 변수, 즉 독립변수에 의하여 변화되는 변수를 말한다. 통제된 실험상황에서 알코올의 섭취량이 반응속도에 미치는 효과를 연구한다면 알코올의 섭취량은 독립변수가 되고 반응속도는 종속변수가 된다. 실험에 의하여 통제되지 않은 상태인 학력에 따른 수입의 차이 연구에서 독립변수는 학력, 종속변수는 수입이 된다.

　　연구논문을 보거나 연구를 하다 보면 매개변수라는 단어를 자주 접하게 된다. **매개변수**(extraneous variable, nuinsance variable)란 종속변수에 영향을 주는 독립변수 이외의 변수로서 연구에서 통제되어야 할 변수를 말한다. 예를 들어, 교수법에 따른 어휘력의 차이를 연구할 때 전통적 교수법, 컴퓨터 보조학습법을 사용하였다고 하자. 두 집단에 할당된 아동들에게 각기 다른 교수법을 실시한 후, 어휘력의 차이를 비교하였을 때 교수법의 효과에 대한 연구를 분석하기가 곤란할 경우가 있다. 만약, 우연하게 전통적 교수법에는 지능이 낮은 아동들이, 그리고 컴퓨터 보조학습에는 지능이 높은 아동들이 할당되었다면 그 결과 어휘력에서 차이가 있었다 하더라도 그것은 교수법에 의한 효과라고 주장하기 어렵다. 이것은 실험 전부터 어휘력에 영향을 주는 지능이 통제되지 않았기 때문이다. 그러므로 이와 같은 실험을 위해서 지능이란 변수는 마땅히 통제되어야 한다. 왜냐하면 지능은 어휘력에 영향을 주는 변수이기 때문이다. 지능이라는 매개변수를 통제하기 위하여 두 집단에 같은 지능을 가진 아동을 할당해야 한다. 이러한 매개변수의 통제는 연구자의 사려깊음에 기인하며, 이러한 사려깊음은 연구영역에 대한 많은 문헌연구와 풍부한 연구경험에서 출발한다.

　　다시 한 번 강조하지만 독립변수, 종속변수, 때로는 매개변수가 무엇인지, 그리고 그 변수들이 어떤 속성을 지니는지를 명확히 파악할 때 실험설계, 사회조사 등의 타당한 연구를 수행할 수 있다. 이 변수들을 분명히 이해하지 못하면 올바른 연구방법과 분석방법을 선택할 수 없다.

(2) 질적변수와 양적변수

　　독립변수, 종속변수의 이해와 더불어 두 변수의 속성을 파악해야 한다. 이는 추리통계 부분에서 연구의 목적에 따라 선택하여야 할 통계방법이 다르기 때문이다.

　　변수는 지니고 있는 속성에 따라 질적변수와 양적변수로 구분된다. **질적변수**(qualitative variable)란 분류를 위하여 용어로 정의되는 변수며, **양적변수**(quantitative variable)란 양의 크기를 나타내기 위하여 수량으로 표시되는 변수를 말한다. 그 예로 질적변수는 성별, 인종, 학력 등을 들 수 있다. 성별, 인종과 같이 서열을 정할 수 없는 질적변수를 **비서열 질적변수**(unordered-qualitative variable)라 하고, 학력과 같이 초졸, 중졸, 고졸, 대졸의 서열로 구분할 수 있는 변수를 **서열 질적변수**(orderedqualitative variable)라 한다. 양적변수의 예는 키, 체중, 성적 등을 들 수 있다. 이러한 양적변수는 변수의 연속성에 의하여 연속변수와 비연속변수로 나뉜다. **연속변수**(continuous variable)는 주어진 범위 내에서 어떠한 자료라도 가질 수 있는 변수다. 쉽게 표현하면 소수점으로 표시될 수 있는 변수를 말한다. 예를 들어, 체중이라든지 키, 나이 등을 들 수 있다. 이에 비해 **비연속변수**(uncontinuous variable)는 특정 수치만을 가질 수 있는 변수를 말한다. 즉, 특정 수로 표현되는 변수로 자동차 대수, IQ 점수, 휴가일 수 등을 들 수 있으며, 생일날 맞는 나이 등도 비연속변수라 할 수 있다.

(3) 범주변수

개인의 지각이나 인식 혹은 만족도 등을 묻는 질문으로 단계적 순서에 의한 정도를 측정하는 경우가 있다. 예를 들어, 매우 만족, 만족, 보통, 불만, 매우 불만이라든가, 전혀 그렇지 않다, 그렇지 않다, 그저 그렇다, 그렇다, 매우 그렇다와 같이 어떤 느낌이나 정도를 묻는 척도를 **Likert 척도**라 하며, 이런 변수를 **범주변수**(categorical variable)라 한다. 뿐만 아니라, 사회계층을 분류할 때의 상, 중, 하나 정치적 성향을 분류할 때의 진보, 보수, 중도 등도 범주변수라 할 수 있다. 따라서 범주변수는 척도가 범주로 구성되어 있는 변수를 말한다.

제2장 jamovi 소개

    자료를 분석하기 위하여 다양한 방법이 사용될 수 있다. 컴퓨터가 발명되기 전에는 주판이나 계산기를 이용하여 자료를 분석하였으나 컴퓨터가 발명되고 난 이후부터는 자료를 분석할 수 있는 통계 프로그램이 사용되고 있다. 이 장에서는 jamovi 프로그램을 소개한다.

    jamovi(2018)는 Jonathan Love, Damian Dropmann, Ravi Selker 세 명의 설립자에 의해 개발되었으며, 1993년 개발된 무료 오픈 소스이자 명령어 기반 프로그램인 R을 엔진으로 하고 있다. 따라서 R이 제공하는 다양한 분석 프로그램과 그래픽을 동일하게 사용할 수 있다. jamovi를 사용하기 위해서는 프로그램을 내려받아 설치해야 한다. Windows, Mac, Linux, ChromeOS 등 사용자의 컴퓨터 상황에 맞게 선택할 수 있고, 이 역시 한 번의 클릭으로 간단히 내려받을 수 있다.

 1. 실행 절차

1) jamovi의 구성

    jamovi는 고유의 명령어에 의해 작동하는 자료분석 소프트웨어 패키지다. 즉, 데이터 파일(*.omv)을 열고, 분석에 적합한 메뉴를 클릭하여 jamovi 내에서 명령을 실행하면 그 실행결과가 출력결과 파일(*.omv)로 생성된다.

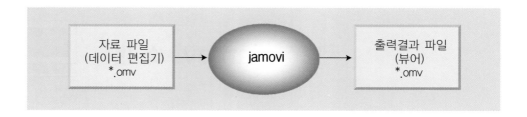

2) jamovi의 실행

Windows 작업표시줄의 🅥 아이콘을 클릭하면 jamovi가 실행되면서 왼쪽 창의 데이터 편집기가 열리고 오른쪽 창에 jamovi의 버전이 나타난다. 왼쪽은 자료를 입력하는 스프레드시트이고 오른쪽은 분석 결과를 보게 되는 창이다.

3) jamovi 분석의 기본 단계

▌**1단계: 자료 입력, 자료 가져오기** ▌ 데이터 편집기에 직접 자료를 입력하거나 이전에 저장한 jamovi 데이터 파일을 열거나 스프레드시트, 데이터베이스, 텍스트 자료 파일 등을 읽는다.

▌**2단계: 메뉴에서 프로시저 선택** ▌ 메뉴에서 프로시저를 선택하여 통계량을 계산하거나 도표를 작성한다.

▌**3단계: 분석하기 위한 변수 선택** ▌ 분석 시 사용할 변수를 선택하면 자료파일의 변수가 해당 프로시저의 대화상자에 표시된다.

▌**4단계: 결과 검토** ▌ 프로시저를 실행한 후 출력결과 창에서 결과를 확인한다.

2. jamovi의 창 종류

jamovi의 창은 화면을 양분하며 왼쪽은 데이터 편집기, 오른쪽은 분석 결과를 볼 수 있는 창이다.

1) 데이터 편집기

jamovi 데이터 편집기에는 데이터 파일의 내용이 표시된다. 새로운 데이터 파일을 작성할 수 있을 뿐만 아니라 기존의 데이터 파일을 읽어 들여 자료를 삭제, 수정, 추가할 수 있다.

2) 뷰 어

오른쪽 창으로서 통계분석 결과와 도표 등을 볼 수 있다.

제3장 자료파일

수집된 자료를 통계 프로그램으로 분석하기 위해서는 자료파일이 필요하다. 이 장에서는 자료파일을 생성하기 위하여 파일에 입력되는 변수, 파일의 형식, 자료 변환, 자료의 확인 등을 설명한다.

 1. 정의와 작성

jamovi에서 새로운 자료를 입력하거나 별도의 다른 파일에 저장된 자료를 읽어올 수 있다. 데이터 편집기에서 각 행은 한 케이스를 나타내고, 각 열은 단일 변수에 해당하며, 각 셀에 변수값을 기록한다. 예를 들어, 설문조사에서 각 응답자는 케이스가 되고, 각 질문은 변수가 되며, 선택지는 변수값이 된다. 데이터 편집기에서 자료를 입력하고 편집할 수 있는데, 새로 자료를 입력하는 경우를 먼저 설명한다.

1) jamovi를 사용한 자료입력

(1) 자료입력

Data 창에서 셀을 선택하고 숫자를 입력하면 자료값이 셀에 나타나는데 그 값을 기록하려면 Enter↵ 를 누른다. 변수에 이름을 별도로 지정하지 않으면 jamovi에서 고유한 변수명(예: A, B, C)을 지정한다.

(2) 변수 정의

데이터 편집기에서 해당 열 맨 위의 변수 이름(A, B, C)을 두 번 클릭하면 다음과
같은 DATA VARIABLE 편집기가 나오고 변수 이름, 변수 유형, 자료 유형 등을 지정
할 수 있다.

DATA VARIABLE 하단의 첫 번째 상자에 변수 이름을 입력한다. Description은 변수 이름에 대한 설명이 필요할 때 추가 정보를 입력한다.

▌이름▌ 변수의 이름을 직접 입력한다. jamovi에서는 변수명을 영문으로 지정하는 것을 권장한다. 변수 이름을 지정하는 데 있어서 지켜야 할 규칙들은 다음과 같다.
- 동일한 이름을 중복하여 사용할 수 없다.
- 공란(space)을 사용할 수 없다.

▌변수 유형▌ 변수의 유형을 지정(기본설정: 명명변수)
- Continuous: 양적변수
- Ordinal: 서열변수
- Nominal: 명명변수
- ID: 일련번호

▌Data type▌
- Integer: 정수인 변수
- Decimal: 소수점으로 표시되는 변수
- Text: 명명척도에 의한 변수로서 Text로 지정하면 변수의 유형이 Nominal로 변경된다.

▮Levels▮ 명명변수(Nominal)의 수준을 명시한다.

변수 'Gender'를 더블 클릭하면 상단에 DATA VARIABLE 대화상자가 열린다. 우측의 Levels 창에서 '1'을 클릭하고 'Male' 입력, '2'를 클릭하고 'Female'을 입력하면 데이터 창에서 '1'로 코딩된 값은 'Male', '2'로 코딩된 값은 'Female'로 변환된다.

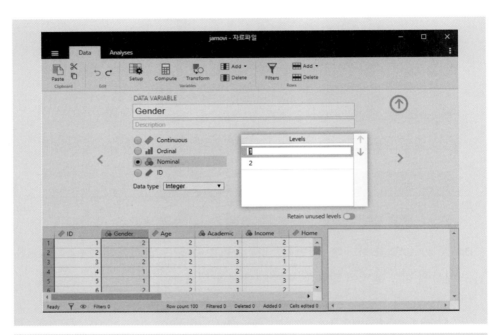

(3) 자료파일의 저장

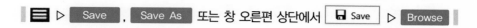

데이터를 Save As 대화상자에서 파일 이름 부분에 저장할 파일 이름을 입력하면 *.omv 파일로 저장된다.

자료파일이나 분석 결과를 다른 형식으로 저장하고 싶은 경우에는 Export 대화상자에서 파일 이름 부분에 저장할 파일 이름을 입력한 후 .pdf, .htm, .sav, .csv 등 원하는 형식을 선택하여 내보낼 수 있다.

2. 자료 변환

1) 변수 계산, 자료 변환

(1) 변수 계산

주어진 계산식에 따라 변수값을 계산하여 새로운 변수나 기존의 변수에 할당한다. 즉, 기존의 변수에 새로운 변수값을 부여하거나, 한 변수의 변수값을 다른 변수로 복사하거나, 여러 변수를 조합하여 새로운 변수를 만들 경우에 사용한다.

┤ 예 제 ├
가정생활, 직업생활, 문화생활 만족도 점수를 모두 더한 만족도 총점을 계산해 보자.

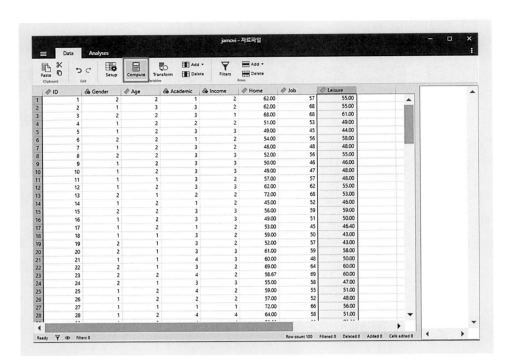

COMPUTE VARIABLE에 변수 이름을 입력하고 계산편집기 f_x를 클릭하면 Functions 에는 계산에서 사용할 함수들이 나타나고 Variables에는 변수들이 나타난다.

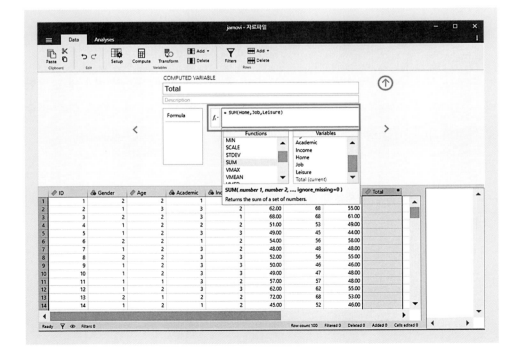

f_x 옆의 빈 상자에 계산할 변수와 관련된 수식을 입력하고 엔터를 누르면 새로운 변수가 생성된다.

(2) 코딩변경

코딩변경은 특정 변수의 변수값을 변경하기 위해 사용하는데, 다음의 방법을 사용할 수 있다.

변경하고자 하는 변수에 커서를 옮기고 Transform을 누르면 TRANSFORMED VARIABLE 편집기가 열린다.

┌─────── 예 제 ───────┐

원래의 데이터 파일은 월평균 수입 변수가 200만 원 단위의 4개 범주로 코딩되어 있다. 이 변수를 월소득 수준이라는 새로운 변수로 저장하고 상, 중, 하의 3개 범주로 변경해 보자.

Source variable에 코딩값을 변경하고자 하는 변수 'Income'을 지정하고 using transform에서 Create New Transform을 클릭하면 'Income' 변수 옆에 새로운 변수 'Income(2)'가 생성된다.

TRANSFORM 대화상자에서 Add recode condition을 누르면 함수식을 입력할 수 있는 창이 생긴다. 수식의 왼쪽에는 기존값을, 오른쪽에는 변경하고자 하는 값을 입력하면 새로 변환된 변수가 생성된다.

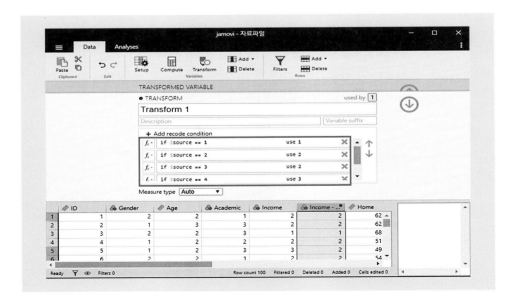

2) 케이스를 대상으로 하는 자료 변환

(1) 케이스 선택

전체 데이터에서 필요에 따라 특정한 조건을 만족하는 케이스, 일정한 비율 또는 수 만큼의 케이스, 처음 몇 개의 케이스만을 선택하고자 할 때 사용한다.

> ┤ 예 제 ├
>
> 수집한 자료에서 성별이 남성인 케이스만을 선택하여 보자(남자는 '1', 여자는 '2'로 코딩되어 있다).

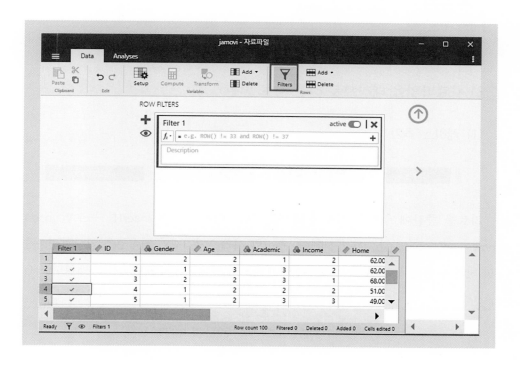

f_x 옆의 빈 상자에 'Gender!=2'를 입력하면 'Filter1' 열이 생성되며, 필터가 적용된 케이스의 행에는 ×표시가 생기고 분석에서 제외된다.

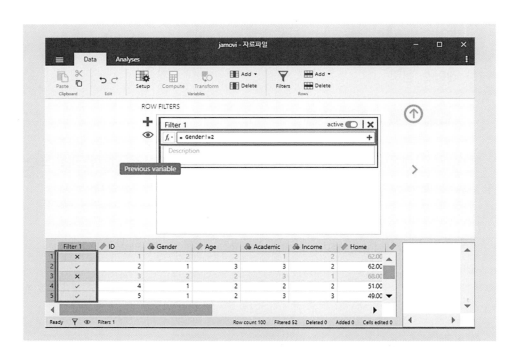

3) 자료파일을 대상으로 하는 자료 변환

(1) 케이스 추가

자료를 중간에 추가할 경우 추가하고 싶은 위치로 가서 Insert를 누르면 Insert how many rows? 질문이 제시된다. 추가할 사례수가 3개일 경우 3을 입력하면 3줄의 빈칸이 생긴다. 자료의 마지막에 추가하고자 할 경우는 Append를 선택한다.

┌─────────── 예 제 ───────────┐
자료파일.omv에 행을 삽입하여 케이스를 추가해 보자.
└──────────────────────────────┘

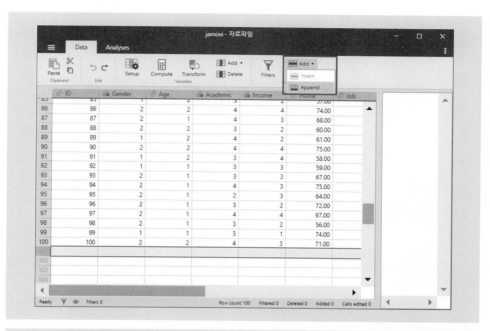

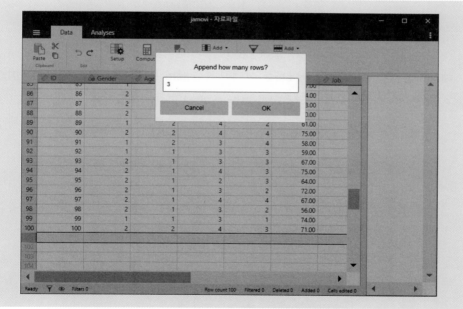

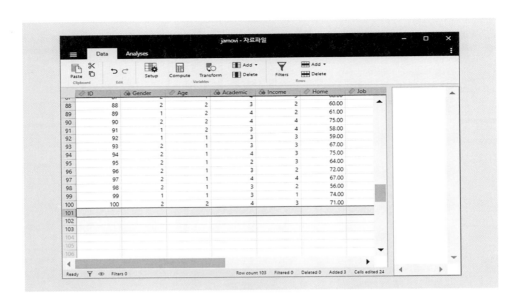

(2) 케이스 삭제

해당하는 케이스로 가서 Delete를 선택하면 Delete row 5?와 같이 5번째 케이스를 삭제할 것인지 묻는다. OK 를 누르면 해당 케이스 자료는 삭제된다.

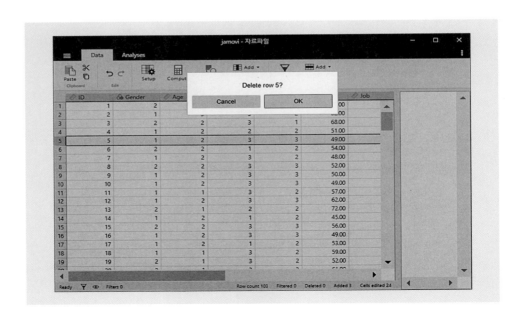

(3) 변수 추가

> **예 제**
> 자료파일.omv에 열을 삽입하여 변수를 추가해 보자.

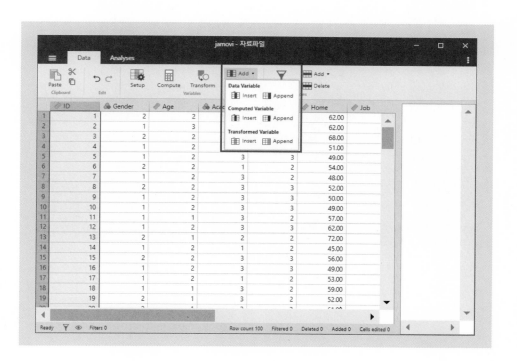

어떤 변수를 선택한 후 를 누르면 그 변수 앞에 새로운 변수를 추가할 수 있다. 변수를 추가하면 방법은 변수값을 그대로 추가하는 방법(Data Variable), 계산하여 추가하는 방법(Computed Variable), 변환하여 추가하는 방법(Transformed Variable)이 있다. 추가하는 위치도 변수 사이에 추가하는 방법(Insert)과 맨 뒤에 추가하는 방법(Append)이 있다.

(4) 변수 삭제

해당하는 변수를 선택하고 Delete를 누르면 Delete column ID?으로 해당 변수의 이름을 묻는다. [OK]를 누르면 해당 변수는 삭제된다.

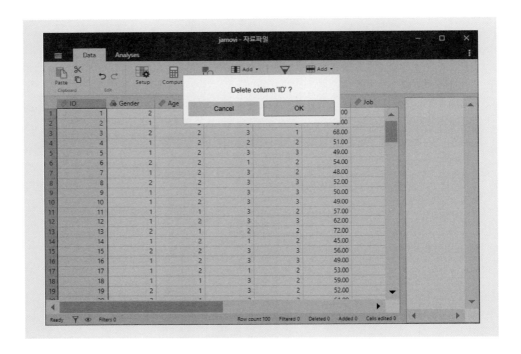

제4장 분석 실행 및 결과

자료파일을 생성한 다음 jamovi 프로그램으로 자료분석을 실행한 후, 자료분석 결과를 정리하여야 한다. 이 장에서는 제3장에서 설명한 자료파일을 가지고 자료를 분석하는 절차, 분석 결과의 통계표 및 도표 편집 방법, 다른 프로그램으로 편집하기 용이하도록 Export 기능을 사용하는 방법 등을 설명한다.

1. 분석 실행

특정 프로시저를 실행하려면 메뉴에서 해당 프로시저를 선택해야 한다. 메뉴에서 프로시저를 선택한 다음에는 대화상자에서 변수를 선택하여 대상 목록으로 이동시킨 다음, 필요한 통계에 체크하면 분석 결과가 화면의 오른쪽 창에 나타난다.

2. 뷰어

jamovi에서 분석 프로시저를 수행하면 그 결과가 화면 오른쪽에 나타난다. 표시된 뷰어는 저장 메뉴를 사용하여 저장할 수 있다. 프로그램을 종료하기 위하여 ☒를 누르면 Save or Don't Save를 묻는다.

저장: ☒ ▷ ⬚ Save ⬚ or ⬚ Don't Save ⬚ ☞ 출력결과 파일(*.omv)

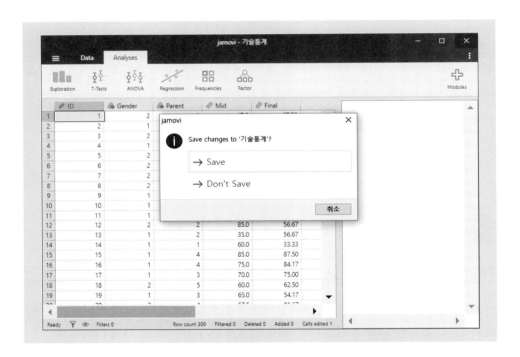

뷰어의 왼쪽 부분에는 개요가 표시되고, 오른쪽 부분에는 통계표, 도표, 텍스트 출력결과가 표시된다. 개요의 특정 항목을 클릭하면 대응하는 표나 도표로 바로 이동할 수 있다.

1) 다른 프로그램으로 삽입

jamovi 뷰어에 제시된 특정 결과표를 다른 응용프로그램(예: HWP, EXCEL, MS-

WORD)에 삽입하기 위해서 Copy를 이용하거나 Export를 이용할 수 있다.

(1) 복사 또는 선택하여 복사

　특정 출력결과에 마우스 오른쪽 클릭하여 Copy를 선택한 다음, 다른 프로그램에 붙여넣기를 한다.

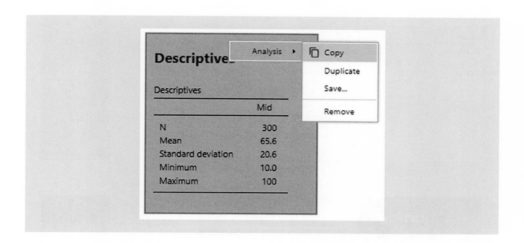

(2) 내보내기

　☰ ▷ ◻Export◻ 를 선택하면, 다음과 같은 내보내기 창이 열린다.

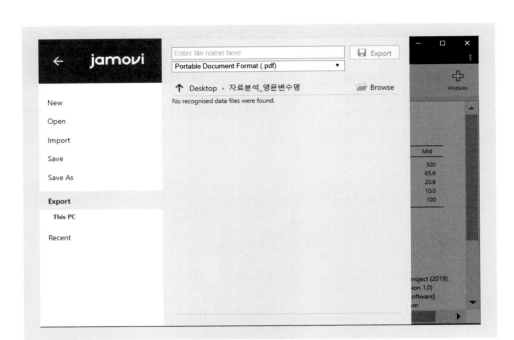

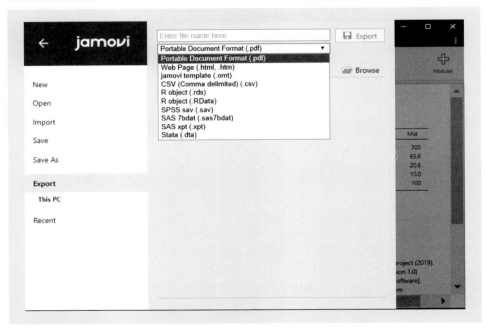

문서의 파일이름에 출력결과를 저장할 위치와 파일 이름을 지정하고, 파일 유형을 선택한다. 파일 유형은 Web Page 형식으로 저장되는 html, htm 파일이 있고, SPSS 형식의 .sav나 .pdf 형식이 있으며 원하는 형식을 선택하여 내보낸다.

제**2**부

기술통계

제5장 빈도분석

제6장 기술통계분석

제5장 빈도분석

빈도분석(Frequency analysis)을 실시하면 수집한 자료의 형태를 알 수 있다. 빈도 분석에 의한 분포의 특성을 나타내 주는 통계값과 결과는 다음과 같다.

- 빈도, 백분율, 누가백분율을 나타내는 빈도표
- 중심경향값으로 평균, 중앙값, 최빈값
- 분산도로 범위, 분산, 표준편차
- 자료의 특성을 도식화하는 그래프(막대도표, 원도표, 히스토그램)

변수의 특성에 따라서 선별적으로 통계값을 얻을 수 있다. 즉, 범주형 변수인 경우에는 각 변수에 대한 빈도표와 막대도표, 원도표를 통해 빈도분석을 시행하는 반면, 연속변수인 경우에는 변수의 단위에 따라 빈도표를 구할 수도 있다. 일반적으로 중심경향, 분산도, 히스토그램을 통해서 변수의 분포를 알아보는 데 이용한다.

1. 빈도분석

1) 범주형 변수의 빈도분석

질적변수인 범주형 변수의 경우 빈도분석에 의하여 각 변수에 대한 응답의 특성을 분석할 수 있다.

(1) 분석 실행

┌─ 예 제 ─┐

자료의 남녀 빈도와 퍼센트를 구하고, 이에 적합한 그래프를 그려 보자.

가. 빈도분석 대화상자 열기

Analyses ▷ Exploration ▷ Descriptives

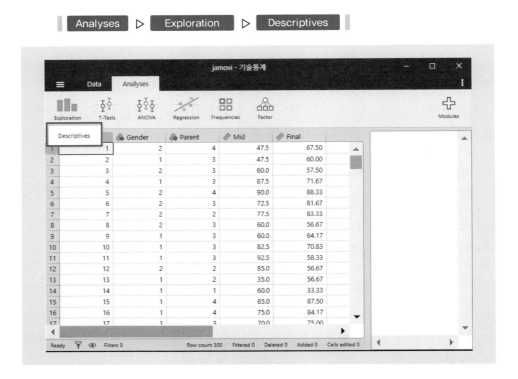

　왼쪽 상자에 나열된 변수 중에서 빈도분석을 수행하고자 하는 질적변수 혹은 범주형 변수를 선택한다. 빈도표가 출력되도록 기본설정값이 설정되어 있으므로 빈도표는 필요하지 않고 다른 통계값이나 그래프만 출력하고자 하는 경우에는 Frequency tables의 체크를 해제하여야 한다.

나. 차트 대화상자 열기

　하단의 분석 메뉴에서 Plots를 클릭하면 다음과 같은 선택창이 열린다.

차트 유형에서는 Histograms, Box Plots, Bar Plots, Q-Q Plots를 선택할 수 있다 (기본설정값: 없음). 범주형 변수인 경우에는 Bar Plots를 선택한다.

(2) 범주형 빈도분석의 결과 해석

분석 결과 1. 성별의 빈도표

Frequencies

Frequencies of Gender

Levels	Counts	% of Total	Cumulative %
Male	131	43.7 %	43.7 %
Female	169	56.3 %	100.0 %

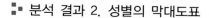
∷ 분석 결과 2. 성별의 막대도표

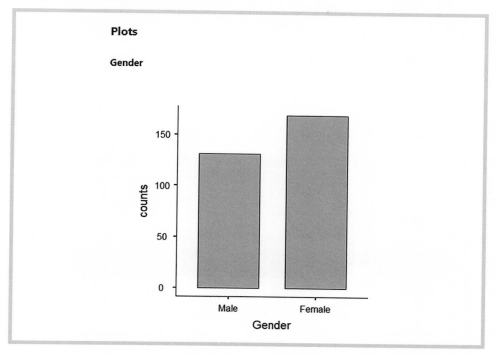

(3) 분석 결과 보고

성별의 빈도표는 〈표 2-1〉과 같다.

〈표 2-1〉 성별의 빈도표

	빈도	퍼센트
남	131	43.7
여	169	56.3
합계	300	100.0

전체 연구대상은 300명이고, 이 중 남자는 131명으로 43.7%이며, 여자는 169명으로 56.3%이다. 표의 내용이 간단할 경우에는 표를 제시하지 않고 서술만 하여도 된다.

2) 연속형 변수의 빈도분석

양적변수의 경우 빈도분석보다는 중심경향값이나 분산도를 분석하여 자료의 특성을 파악하는 것이 일반적이다.

(1) 분석 실행

┌─ 예 제 ─┐

중간고사 점수의 백분위수, 중심경향값을 구하고 적절한 도표를 그려 보자.

가. 빈도분석 대화상자 열기

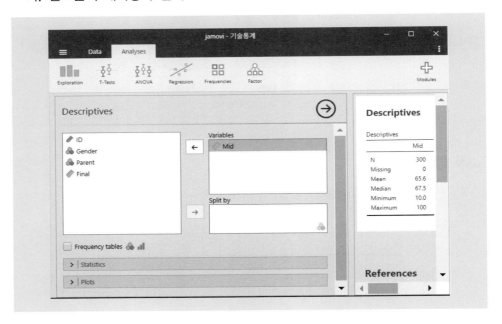

왼쪽 상자 안에 나열된 변수 중에서 빈도분석을 수행하고자 하는 양적변수를 선택한다. 빈도표는 필요하지 않고 다른 통계값이나 그래프만 출력하고자 하는 경우에는 Frequency tables의 체크를 해제한다.

나. 통계량 대화상자 열기

하단의 분석 메뉴에서 Statistics를 클릭하면 다음과 같은 창이 열리며, 각각의 통계량 중에서 하나 이상을 선택할 수 있다.

Percentile Values

▌**사분위수(Quartiles)** ▌ 자료를 서열화하였을 때, 25, 50, 75%에 해당하는 값

▌**절단점(Cut points)** ▌ N개의 집단으로 동일하게 나누었을 때, 각 집단의 경계에 해당하는 값. 기본설정값은 4이지만 다양한 집단 수를 지정할 수 있다.

Central Tendency

▌**평균(Mean)** ▌ 전체 케이스의 값을 모두 더한 후 총 케이스 수로 나눈 값

▌**중앙값(Median)** ▌ 최소값에서 최대값까지 크기 순으로 배열하였을 때 중앙에 위치한 값

▌**최빈값(Mode)** ▌ 분포에서 가장 많은 도수를 갖는 변수값

▌**합계(Sum)** ▌ 전체 케이스의 합

Dispersion

▌**표준편차(Standard deviation)** ▌ 평균과 각 변수값의 차이인 편차들의 평균

▌**분산(Variance)** ▌ 편차를 제곱하여 모두 더한 후 총 케이스로 나눈 값. 표준편차의 제곱

▌**범위(Range)** ▌ 최소값과 최대값의 차이

▌**최소값(Minimum)** ▌ 해당 변수의 가장 작은 값

▌**최대값(Maximum)** ▌ 해당 변수의 가장 큰 값

▌**평균의 표준오차(S. E. Mean)** ▌ 표집분포의 표준오차로서, 표본의 크기가 크면 표본이 모

집단을 대표하기 위한 오차가 작으며, 표본의 크기가 작으면 표준오차가 커진다. 표준오차는 평균을 표본크기의 제곱근으로 나누어 계산한다.

Distribution

| 왜도(Skewness) | 분포의 좌우대칭 정도를 나타낸다. 즉, 분포가 기울어진 방향과 정도를 나타낸다. 0을 중심으로 양의 값을 가지면 정적 편포이고 음의 값을 가지면 부적 편포가 된다.

| 첨도(Kurtosis) | 분포의 모양이 중앙값 주위에서 얼마나 모여 있는가를 나타낸다. 0을 중심으로 양의 값을 가지면 정규분포보다 더 뾰족한 모양이 된다.

다. 차트 대화상자 열기

하단의 분석 메뉴에서 Plots를 클릭하면 다음과 같은 창이 열린다. 연속변수인 경우에는 Histogram을 선택한다.

(2) 연속형 빈도분석의 결과 해석

▪ 분석 결과 1. 중간고사 점수의 통계량

Descriptives

Descriptives	
	Mid
N	300
Missing	0
Mean	65.6
Std. error mean	1.19
Median	67.5
Mode	85.0
Sum	19683
Standard deviation	20.6
Variance	426
Range	90.0
Minimum	10.0
Maximum	100
Skewness	−0.565
Std. error skewness	0.141
Kurtosis	−0.493
Std. error kurtosis	0.281
25th percentile	52.5
50th percentile	67.5
75th percentile	82.5

∷▪ 분석 결과 2. 중간고사 점수의 히스토그램

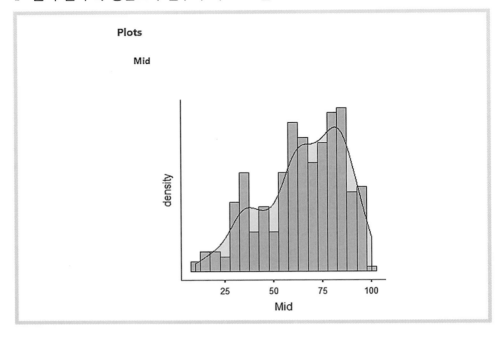

제**6**장 기술통계분석

기술통계(Descriptive statistics)는 주어진 자료를 요약해 주는 통계값을 계산하고, 표준화하기 위하여 사용된다. 기술통계분석 결과는 빈도분석의 통계량과 거의 유사하지만, 빈도분석은 주로 질적변수의 분석에 사용되는 데 비해서 기술통계분석은 양적변수를 분석하는 데 사용된다는 점에서 차이가 있다.

 1. 분석 실행

> 예 제
>
> 중간고사 점수의 기술통계량과 Z점수를 구해 보자.

1) 분석 실행하기

중간고사 점수의 기술통계량을 구하는 절차는 5장의 '연속형 변수의 빈도분석' 실행절차와 같다. 중간고사 점수의 Z점수를 구하기 위하여 새로운 변수를 생성하고자 하는 열을 더블 클릭한 후, NEW COMPUTED VARIABLE을 선택한다.

2) 변수 계산하기

새롭게 생성할 변수명을 'Zscore'로 지정한 후, f_x의 Functions에서 Z를 더블 클릭한다.

Variables에서 Z점수를 구하고자 하는 변수 'Mid'를 더블 클릭하고 엔터를 누른다.

2. 실행 결과

:• 중간고사 점수의 Z 점수

ID	Gender	Parent	Mid	Final	Zscore
1	2	4	47.5	67.50	-0.877
2	1	3	47.5	60.00	-0.877
3	2	3	60.0	57.50	-0.272
4	1	3	87.5	71.67	1.061
5	2	4	90.0	88.33	1.182
6	2	3	72.5	81.67	0.334
7	2	2	77.5	83.33	0.576
8	2	3	60.0	56.67	-0.272
9	1	3	60.0	64.17	-0.272
10	1	3	82.5	70.83	0.818
11	1	3	92.5	58.33	1.303
12	2	2	85.0	56.67	0.939
13	1	2	35.0	56.67	-1.483
14	1	1	60.0	33.33	-0.272
15	1	4	85.0	87.50	0.939
16	1	4	75.0	84.17	0.455
17	1	3	70.0	75.00	0.213

이 그림과 같이 데이터 창에 중간고사 점수의 Z 점수가 계산되어 'Zscore'라는 새로운 변수가 생성된다.

제3부

추리통계와 기본 개념

제7장 분포와 중심극한정리

제8장 가설검정과 유의수준

제7장 분포와 중심극한정리

통계는 수집된 자료를 요약하여 설명하는 **기술통계**와 모집단을 대표하는 표본을 추출하여 표본의 통계치로 모집단의 특성인 모수치를 추정하는 **추리통계**가 있다고 하였다. 이 장에서는 자료분석을 통하여 가설의 기각 여부를 결정하는 추리통계를 이해하기 위한 기본 개념으로서 모집단분포, 표본분포, 표집분포, 그리고 중심극한 정리를 설명한다.

 1. 모집단분포, 표본분포, 표집분포

1) 모집단분포

모집단분포(population distribution)는 연구대상이 되는 사람 혹은 사물의 전체 집합의 분포다. 예를 들어, 우리나라 고등학교 3학년 학생들의 학업성적을 연구한다면 모집단은 우리나라 고등학교 3학년 학생 모두가 된다. 모집단분포로서 우리나라에 있는 고등학교 3학년에 재학 중인 학생들의 학업성적 검사점수를 그래프로 그린다면 어떤 형태가 될까? 평균 학업성취도 점수를 중심으로 좌우대칭으로 흩어져 있는 정규분포를 그릴 것이다. 성인들의 키와 체중 등 모집단 전체를 측정하여 그래프를 그려도 평균 μ를 중심으로 표준편차인 σ만큼 흩어진 정규분포를 그릴 것이다. 이와 같이 모집단의 속성은 **평균**이 μ이고 **표준편차가** σ인 **모수치**로 대표되며, 일반

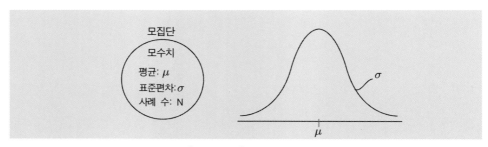
적으로 정규분포를 나타낸다. 그러나 많은 경우에 모집단의 방대함과 역동성 때문에 모집단분포의 특성을 나타내는 모수치를 알기가 쉽지 않다.

모집단분포는 [그림 7-1]과 같다.

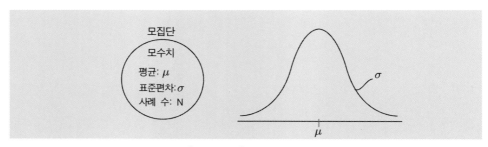

[그림 7-1] 모집단분포

2) 표본분포

모집단의 방대함과 역동성 때문에 모집단의 속성을 파악하기가 쉽지 않다. 그러므로 모집단의 속성을 알기 위해서는 모집단을 대표할 수 있는 표본을 추출하여 표본의 속성으로 모집단의 속성을 추리한다. 이처럼 모집단의 속성을 알기 위하여 모집단을 대표할 수 있게 추출된 대상군의 분포를 **표본분포**(sample distribution)라 한다. 표본의 속성은 표본에서 얻은 **평균** $\overline{Y}$와 **표준편차** s로 표기하며, 이들을 **통계치**(statistics) 혹은 **추정치**(estimates)라 한다. 모집단분포는 일반적으로 정규분포이나 표본분포는 항상 정규분포를 이루는 것은 아니다. 표본의 크기가 작으면 표집에 따라 정규분포 혹은 편포가 될 수 있다.

표본분포는 [그림 7-2]와 같다.

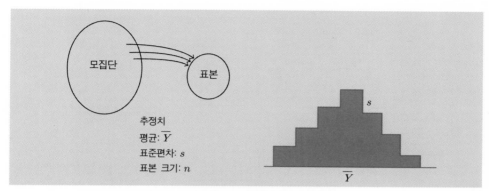

[그림 7-2] 표본분포

3) 표집분포

　모집단분포와 표본분포는 실제적으로 얻을 수 있는 분포인 데 비해 표집분포는 가상적 분포며, 추리통계를 위한 매우 중요한 요소로 이론적 분포라 한다. **가상적 분포**(hypothetical distribution)라 함은 실제 행위를 통하여 분포를 그릴 수 없으므로 어떤 가정하에서만 그려지기 때문이다. 또 어떤 가정을 전제로 하여 이론적으로 그릴 수 있기 때문에 **이론적 분포**(theoretical distribution)라고도 한다.

　표집분포(sampling distribution)란 추리통계의 의사결정을 위한 이론적 분포로, 이론적으로 표본의 크기가 n인 표본을 무한히 반복 추출한 다음, 무한 개 표본들의 평균을 가지고 그린 분포를 말하며, 추정치의 분포라고도 한다. 표집분포는 추리통계의 가설검정을 위한 판단의 기준을 제시하는 기각역과 채택역을 나타낸다. 표집분포는 영가설의 기각여부를 결정하기 때문에 추리통계에서 중요한 역할을 한다. 모집단의 분포가 정규분포가 아니더라도 정규분포의 형태를 띤다.

표집분포는 [그림 7-3]과 같다.

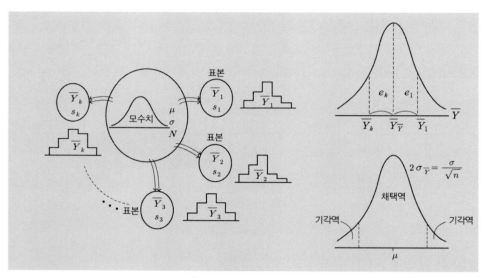

[그림 7-3] 표집분포

2. 중심극한정리

　모집단분포, 표본분포, 표집분포를 환기하였을 때 모집단 분포와 표본분포의 평균과 표준편차는 수집된 자료로 계산할 수 있다. 모집단분포의 평균과 표준편차를 실제적으로 추정하기 어렵다. 그러나 때로 모집단의 크기가 작을 경우에는 계산이 가능하다.

　표집분포의 평균과 표준오차는 표집분포 자체가 이론적인 분포 혹은 가상적 분포이므로 논리적, 수리적 절차에 의하여 추정될 수밖에 없다. 물론, 모집단에서 크기 n의 표본을 무한히 추출하여 평균과 표준오차를 추정할 수도 있으나 실제적으로는 불가능하다. 왜냐하면 표집을 무한히 해야 하기 때문이다.

　개념적으로 설명하면 표집분포의 평균은 모집단에서 무한히 k개의 표본을 추출한 평균들의 평균이므로 이는 모집단의 평균과 같아질 수 있다. 그리고 표집분포의 표준편차, 즉 **표준오차**는 표본의 크기가 크면 표준오차가 작아지고, 표본의 크기가 작으면 표준오차가 커지게 된다. 이런 원리에 의하여 표집분포의 평균과 표준오차를 계산하여 주는 것이 중심극한정리다.

$$\overline{Y}_{\overline{Y}} = \mu$$

$$\sigma_{\overline{Y}} = \frac{\sigma}{\sqrt{n}}$$

　즉, **중심극한정리**(central limit theorem)란 표집분포의 평균은 모집단의 평균이고 표집분포의 표준편차는 모집단의 표준편차를 표본 크기의 제곱근으로 나눈 것과 같으며, 표본의 크기가 충분히 클 때($n > 30$) 모집단의 분포와 상관없이 정규분포가 됨을 말한다(성태제, 2019).

제8장 가설검정과 유의수준

　사회현상 혹은 자연현상에서 알지 못하는 사실에 대하여 판단을 하게 되는 경우가 많다. 그런 경우 판단이 언제나 옳은 것은 아니다. 그렇다면 경험과학을 하는 연구자들은 "어떤 현상은 이럴 것이다."라고 잠정적 진술을 설정하고, 그 잠정적 진술에 대하여 옳고 그름을 판단하는 의사결정을 하게 된다. 이때 잠정적 진술을 가설이라 하며, 연구를 유도한다. 만약, 잠정적으로 설정한 가설이 진리임에도 불구하고 이를 부정하였다면 판단의 오류를 범하게 된다.

　통계학에서도 모집단이 가지고 있는 속성, 즉 모르는 사실을 표본에서 얻은 통계값을 가지고 '이렇다', '저렇다'고 판단하는 의사결정을 해야 한다. 그러나 이와 같은 판단은 항상 맞을 수는 없다. 즉, 연구자가 판단의 오류를 범하게 된다.

　이 장에서는 연구를 유도하는 가설인 영가설과 대립가설, 의사결정, 그에 따른 판단의 오류인 제1종 오류와 제2종 오류, 그리고 검정력과 유의수준을 설명한다.

 1. 가 설

　우주에 존재하는 사실을 모르기 때문에 연구를 한다. 연구를 하기 위하여 어떤 사실을 전제로 하고 그것이 옳은지 혹은 그렇지 않은지를 판단한다. 즉, 어떤 사실을 잠정적으로 진리로 놓고, 그 잠정적 진리에 대하여 지지 혹은 거부를 하게 되는 것이다. 이와 같이 연구를 유도하는 잠정적 진술을 '**가설**(hypothesis)'이라 한다. Kirk (1995)는 가설이란 어떤 사실을 설명하기 위하여 잠정적으로 적용되며 다른 연구를 유도하는 검정 가능한 상상적 추측이라고 하였다. Good(1959) 역시 가설이란 연구를 이끄는 개념으로 잠정적 설명 혹은 가능성을 설명한 것이라 하였다.

이러한 가설은 영가설과 대립가설로 구분하며, 서술 여부에 따라 서술적 가설, 통계적 가설로 구분한다. 또한 부등호의 존재 유무에 따라 일방적 가설과 양방적 가설로 구분한다.

1) 영가설과 대립가설

가설에는 영가설과 대립가설이 있다. 연구에 익숙한 대학원생일 경우 영가설은 부정하고자 하는 사실이고, 대립가설은 연구에서 주장하고자 하는 사실이라고 알고 있을 것이다. 그러나 이보다 개념적으로 더욱 중요한 것은 오판의 심각성에 따라 영가설과 대립가설을 설정하여야 한다는 것이다.

앞에서 설명하였듯이 연구자의 판단이 항상 옳은 것은 아니다. 예를 들어, 재판의 경우 판결에 있어 두 가지의 정판과 두 가지의 오판이 나타나게 된다. 정판은 죄를 짓지 않았으니 무죄를 판결하는 것이요, 죄를 지은 경우 유죄판결을 내리는 것이다. 이에 비해 두 개의 오판은 죄를 짓지 않았는데 유죄판결을 내리는 경우와 죄를 지었는데 무죄판결을 내리는 경우다. 두 오판 중에 심각한 오판은 죄를 짓지 않았는데 유죄판결을 내리는 것으로 훌륭한 법조인이라면 심각한 오판을 범하지 말아야 한다. 재판을 할 때 죄를 지었다고 가정하고 재판을 하는 경우와 죄를 짓지 않았다고 가정하고 재판을 하는 경우가 있다. 그렇다면 앞에서 설명한 내용과 같이 심각한 오판을 하지 말아야 하므로 심각한 오판을 범할 때의 잠정적 진술을 검정하여야 한다.

영가설(null hypothesis)은 연구에서 일어나는 심각한 오판을 범할 때 진리인 내용이 되며 연구에서 검정받는 사실을 말한다. 즉, 연구자는 두 가지의 판단착오 중 심각한 판단의 오류를 극소화하여야 하므로 그 심각한 오판을 범할 때 검정을 받는 잠정적 진리를 말한다. 이러한 영가설을 '**귀무가설**'이라고도 한다. 재판의 경우 살인을 하지 않았는데 유죄판결을 내리는 것이 심각한 오판이므로 법조인, 즉 연구자는 정확한 판단을 하는 것은 당연하고 오판을 하지 않아야 하며, 오판 중 심각한 오판은 더욱 하지 말아야 한다. 수질연구의 예를 들면 물이 오염되어 있어 식수가 불가능한 데 식수가 가능하다고 내리는 판단이 심각한 오판이 된다. 연구자는 심각한 오판을 하지 말아야 하기 때문에 심각한 오판을 내릴 수 있는 내용을 가지고 연구를 실시하여야 한다. 그러므로 영가설은 심각한 오판에서 사실인 내용이 된다. 재판의 경우 '피고인은 살인하지 않았다.'가 영가설이 되며, 수질연구에서는 '물이 오염되었다.' 즉, '식수로 불가능하다.'가 영가설이 된다. 일반적으로 영가설은 H_o로 표기한다.

대립가설(alternative hypothesis)은 영가설이 부정되었을 때 진리로 남는 잠정적 진술을 말하며, 일반적으로 연구자가 연구에서 주장하고자 하는 내용이 담긴 가설이라 말할 수 있다. 대립가설은 H_A 혹은 H_1으로 표기하며, 연구자가 주장하고자 하는 가설이기 때문에 '**연구가설**(research hypothesis)'이라고 한다.

연구자의 입장에 따라서 연구가설, 즉 대립가설은 다를 수 있다. 예를 들면, 재판의 경우 연구자가 검사라면 '살인을 하였다.'가 연구가설이 되며, 변호사라면 '살인을 하지 않았다.'를 연구가설로 설정할 것이다. 영가설을 중심으로 생각하면 검사는 '살인을 하지 않았다.'를 영가설로, '살인을 하였다.'를 대립가설로 설정할 것이다. 변호사의 경우는 반대로 영가설과 대립가설을 설정하게 된다. 그러나 연구는 연구자의 위치나 직책에서 어떤 사실을 주장하기 위하여 실시하는 것이 아니고 진실을 밝혀야 하기 때문에 연구자가 검사의 입장이든 변호사의 입장이든 연구가 지니는 목적에 대한 윤리적 접근이 최우선되어야 한다. 수질검사에 대한 연구도 마찬가지다.

심각한 오판에서의 사실인 내용이 영가설로 설정되고 그와 반대되는, 즉 영가설이 부정되었을 때 진리로 남는 사실이 대립가설이 된다.

2) 서술적 가설과 통계적 가설

다른 분류기준에 의하면 가설을 서술적 가설(descriptive hypothesis)과 통계적 가설(statistical hypothesis)로 구분한다. **서술적 가설**은 연구자가 검정하고자 하는 영가설이나 대립가설 모두를 언어로 표현한 것을 말한다. **통계적 가설**은 서술적 가설을 어떤 기호나 수로 표현한 가설을 말한다.

통계적 가설의 형태로 영가설과 대립가설을 표기할 때 이는 모집단의 분포나 모수치에 대한 잠정적 진술이므로 모수치에 대하여 표기하여야 한다. 표본에서 얻은 Y나 s와 같은 통계치로 가설을 표현하는 경우가 종종 있는 데, 이는 타당하지 않다. 왜냐하면 가설검정은 모집단의 속성을 추리하기 때문이다.

3) 등가설과 부등가설

영가설과 대립가설에 부등호가 있으면 **부등가설**(directional hypothesis)이라 하고, 부등호가 없으면 **등가설**(non-directional hypothesis)이라 한다. 교수법에 의한 연구에서 연구를 위한 영가설과 대립가설에 부등호가 없으면 이를 등가설이라 한다. 등가설로서 영가설은 '전통적 교수법에 의한 학습 효과가 새로운 교수법에 의한 학습 효과보다 크거나 같다'를 예로 들 수 있다. 한 교수법이 다른 교수법보다 학습 효과가 높은지 혹은 낮은지 여부를 판명하지 않은 상태에서 차이가 있는지에 대하여 관심을 갖는다면 이는 등가설에 의하여 가설이 검정되는 것이다. 이와 같은 검정절차를 **양방적 검정**(two-tailed test)이라 한다.

또한 새로운 교수법은 전통적 교수법보다 학습 효과가 같거나 낮음을 말해 주는 영가설과 새로운 교수법은 전통적 교수법보다 학습 효과가 높음을 가정하는 대립가설로 되어 있다면 이 가설들을 부등가설이라 한다. 이러한 부등가설에는 부등호가 있는데, 주의할 점은 부등가설에 의하여 영가설과 대립가설을 설정할 때 등호는 항상 영가설에 존재한다는 것이다. 부등가설에 의한 가설검정 절차를 **일방적 검정**(one-tailed test)이라 한다.

등가설 혹은 부등가설에 의한 양방적 검정 혹은 일방적 검정은 연구자의 이론적 혹은 경험적 배경에 의하여 결정된다. 이론적 배경이 강한 경우 주로 일방적 검정을 실시하는데, 이는 일방적 검정이 보다 강력한(powerful) 연구가 될 수 있기 때문이다.

2. 오류와 유의수준

1) 제1종 오류와 제2종 오류

연구자가 범할 수 있는 판단의 착오, 즉 오판은 두 가지 종류가 있는데, 이 두 가지 오판의 심각성은 각기 다르다. 수질연구에서는 오염이 되어 식수가 불가능한데 식수로 사용해도 된다는 오판과, 식수가 가능하지만 식수 불가능의 판정을 내리는 오판이 있다. 교수법 효과에 대한 연구에서도 두 교수법에 의한 학습 효과의 차이가 없는 데 차이가 있다고 판단하는 오판과 두 교수법의 학습 효과의 차이가 있음에도 불구하고 차이가 없다고 판정하는 오판이 있다. 각 연구에서 전자의 오판은 후자의 오판보다 심각한 오판이다. 이처럼 보다 심각한 오판을 제1종 오류 혹은 제1종 착오라 한다.

제1종 오류를 영가설과 대립가설에 의하여 설명하면, **제1종 오류**(type Ⅰ error)란 영가설이 진인데 그 영가설을 기각하는, 즉 대립가설을 채택하는 판단의 오류로 α로 표기하며, **유의수준**(significant level)이라 한다. **제2종 오류**(type Ⅱ error)란 영가설이 진이 아닐 때, 즉 대립가설이 진일 때 영가설을 기각하지 않고 채택하는 오판을 말하며, β로 표기한다. **검정력**(power)은 영가설이 진이 아닐 때 영가설을 기각하는 확률을 말하며, $1-\beta$로 표기한다. 즉, 대립가설이 진일 때 대립가설을 채택하는 확률이다.

α, β, $1-\beta$는 [그림 8-1]과 같이 나타낼 수 있다.

		진리	
		H_o	H_A
의사 결정	H_o	$1-\alpha$	β (제2종 오류)
	H_A	α (제1종 오류)	$1-\beta$ (검정력)

[그림 8-1] 제1종 오류, 제2종 오류, 검정력

2) 유의수준 설정과 해석

앞에서 설명한 바와 같이 연구자가 취할 태도는 제1종 오류의 수준을 결정하는 판단을 내려야 한다. 심각한 판단을 내릴 확률, 즉 제1종 오류의 수준을 **유의수준**(significant level)이라 하고 α로 표기하며, 이는 심각한 오판을 허용하는 수준을 의미한다.

유의수준을 결정하는 것은 물론 연구자의 이론적·경험적 배경에 의존하나 연구에서 오판의 심각성에 의해서 결정된다고 볼 수 있다. 일반적으로 경험사회과학에서 유의수준은 .05 혹은 .01로 설정한다. 물론, 연구자가 이론적 배경이 강하면 유의수준을 낮출 수 있다. 유의수준의 설정은 연구가 시작되기 전 연구자가 결정하여야 한다. 왜냐하면 유의수준이 의사결정의 기준이 되기 때문이다.

유의수준이 .05라고 할 때 이것이 의미하는 것은 영가설이 진인 표집분포 아래에서 100번 중 5번 이하의 사건이 일어나면 그 사건이 일어날 확률이 극히 낮아 영가설이 진이 아니라고 판단할 확률을 말한다. 따라서 연구자가 어떤 검정 통계값을 얻었을 때 그 검정 통계값이 나타날 확률이 유의수준 이하일 경우 이 검정 통계값이 일어날 확률이 실제적으로 매우 낮으므로 우연히 일어났다고 보고 영가설을 기각한다. 이때 이 검정 통계값은 **통계적 유의성**(statistical significance)이 있다고 할 수 있다.

많은 연구에서 유의수준에 대한 잘못된 해석을 하고 있다. 자료분석 결과에 따라 유의수준을 변경하거나 유의수준을 %로 나타내는 경우는 잘못된 것이다. 특히, 통계 프로그램에 의하여 계산된 p값을 그대로 유의수준으로 옮겨 적는 것 또한 유의수준을 이해하지 못한 것이다. p값이란 그와 같은 통계값이 나올 확률을 의미하는 것이지 어떤 허용하는 판단의 실수 범위를 말하는 것은 아니다.

유의수준이란 영가설이 진일 때 영가설이 진이 아니라고 오판하는, 즉 실수의 확률을 말한다.

3) 통계적 유의성과 실제적 유의성

통계적 검정결과 검정 통계값이 일정 유의확률을 나타내면 통계적 가설을 수용하거나 기각하는 일을 해야 한다. 그러나 연구결과를 어떻게 해석하느냐의 문제는 주관적인 판단과 의사결정의 과정이다. 통계적 가설의 검정결과가 중요하기는 하지만 이에 대한 해석은 판단의 과제로서 많은 과학적 통찰을 필요로 한다.

유의도 검정에 있어서 가장 일반적이고도 심각하게 잘못된 해석은 연구결과의 통계적 유의성과 실제적 유의성을 혼동하며 통계적 유의성만 강조하는 점이다. **통계적 유의성**은 통계적 가설 검정을 위해 설정한 유의수준에 입각한 유의성을 말하며, **실제적 유의성**(practical significance)은 연구결과가 실질적으로 집단간에 차이가 있는지, 변수 간에 의미 있는 상관이 있는지를 말하는 것이다.

유의수준에 의한 통계적 검정결과는 연구에 참여한 연구대상의 수에 의해 영향을 받는다. 연구대상이 많거나 표본의 크기가 커질수록 일정한 유의수준에 도달하는 데 필요한 차이는 작아진다. 예를 들어, 1,000명의 피험자 표본에 대한 상관계수 .08은 유의수준 .01에서 유의한 반면, 22명의 피험자 표본에 대한 상관계수 .42는 유의수준 .05에서 유의하지 않다. 그러나 후자의 상관계수가 전자보다 훨씬 더 크기 때문에 전자보다 더 실제적 유의성을 지닌다. 예를 들어, 전통적인 교수법과 시청각 매체를 활용한 교수법에 따라 학업성취도에 차이가 발생하는가를 비교하는 연구에서 영가설은 '두 방법 간의 차이가 없다.'이고 대립가설은 '두 방법 간의 차이가 있다.'이다. 이 연구에서 표본 수를 각각 1,000으로 하여 두 교수법에 의한 평균점수의 차이가 2점이 나왔을 때 2점이 나타날 확률은 유의수준 .05보다 작으므로 영가설을 기각하게 된다. 이는 유의수준 .05에서 두 교수법에 의한 학업성취도에 차이가 있다고 해석한다. 그러나 실제 상황에서 시청각 매체를 활용한 교수의 결과로 얻은 점수의 평균이 88점이고 전통적 학습의 결과로 얻은 점수의 평균이 86점이라고 할 때, 이 두 점수 간의 차이가 실질적으로 의미 있는 차이인지는 확신할 수 없다. 즉, 통계적 검정결과 연구자가 얻은 통계값은 영가설을 기각할 만큼 유의성이 있지만 실제적으로 평균점수 2점의 차이는 그렇게 의미가 있는 것이 아니라고 해석할 수 있다. 만약, 앞의 연구를 표본의 수를 줄여 50명을 대상으로 하여 연구를 하였을 때 두 교수법에 의한 학업성취도의 평균점수 차이가 6점이 나왔다고 하더라도, 6점이 나타날 확률이 유의수준보다 크게 되면 영가설을 기각할 수 없게 된다. 이는 두 교수법에 의한 실질적인 점수 차이가 6점이어도 사례 수가 작아서 통계적으로 유의한 차이가 나타나지 않음을 의미한다. 즉, 표본의 수에 따라 영가설의 기각 여부가 결정되어 연구의 유의성에 영향을 미치게 되는 것이다.

표본의 수가 많을수록 표집오차가 줄어들기 때문에 표집분포의 폭은 좁아지게 되고, 표본의 수가 적을수록 표집오차가 커져서 표집분포는 넓게 퍼지게 된다. 사례 수가 1,000명일 때는 2점의 차이로 영가설을 기각하였는데, 사례 수가 50명일 때는 평균점수의 차가 6점이라도 영가설을 기각하지 못하게 된다.

표본의 수를 늘림으로써 실제적으로 의미 있는 차이가 없는데도 통계적으로는 유의할 수도 있고, 반대로 표본의 수가 적어 실제적으로 유의하더라도 통계적으로는 유의하지 않은 경우가 있을 수 있으므로, 연구자는 연구결과의 해석에 있어서 항상 주의를 기울여야 한다. 결국, 통계적 유의도 검정이란 표본의 크기에 의해 결정됨을 알 수 있다.

많은 연구자가 통계적 유의성에 관심을 두고 있으나 현대통계학에서는 통계적 유의성 못지않게 실제적 유의성을 강조한다. 앞에서 설명한 바와 같이 연구에서 통계적 유의성은 연구대상 수와 관련이 있으므로 연구대상 수를 많이 하면 집단간의 차이가 적거나 두 변수 간의 상관관계가 낮더라도 통계적 유의성을 얻을 수 있다. 그러므로 최근의 많은 연구에서는 실제적 유의성에 관심을 두고 있다. 회귀분석에서 결정계수(R^2)이나 분산분석에서 에타제곱(η^2)에 관심을 갖는 것은 실제적 유의미성 때문이다. 이는 연구결과를 분석할 때 통계적 유의성에만 의존하는 것은 바람직하지 않다는 것이다. 비록, 통계적으로 유의한 결과를 얻지 못하였어도 두 집단간에 의미 있는 차이가 있거나 혹은 두 변수 간에 의미 있는 상관관계가 밝혀졌다면 의미 있는 연구결과를 얻은 것이다. 반대로 통계적으로 유의한 결과를 얻었지만 두 집단 간에 주지할 만한 차이를 발견하지 못하거나 차이가 경미하다면, 또는 두 변수 간의 상관관계가 낮다면 그 연구결과는 전자보다 의미가 없는 연구결과일 수 있다.

제**4**부

집단간 차이분석

제 9 장 t 검정

제10장 일원분산분석

제11장 이원분산분석

제12장 반복설계

제13장 공분산분석

제14장 다변량분산분석

제15장 χ^2 검정

제**9**장 *t* 검정

t 검정은 두 집단 이하의 평균을 비교하는 분석방법으로 모집단의 분산을 알지 못할 때 사용한다. *t* 검정은 다음의 세 가지로 나누어 설명할 수 있다.

- 한 집단의 평균과 특정한 값을 비교하는 경우 단일(일)표본 *t* 검정을 사용한다.
- 같은 모집단에서 추출된 두 표본의 평균을 비교하는 경우 두 종속(대응)표본 *t* 검정을 사용한다. 두 표본이 종속적인 경우로서 사전–사후 검정을 위하여 사용한다.
- 다른 모집단에서 추출된 두 표본의 평균을 비교하는 경우 두 독립표본 *t* 검정을 사용한다.

 ## 1. 기본 가정

t 검정을 수행하기 위한 **기본 가정**은 다음과 같다.

- 종속변수가 양적변수이어야 한다.
- 모집단의 분산, 표준편차를 알지 못할 때 사용한다.
- 모집단 분포가 정규분포이어야 한다.
- 등분산 가정이 충족되어야 한다.

만약, 모집단의 분포가 정규분포라는 가정을 충족시키지 못하면 **비모수통계**(non-parametric statistics)를 사용하여야 한다. 또한 두 집단의 분산이 같지 않아 등분산 가정을 충족시키지 못할 경우에는 두 독립표본 t 검정 대신에 Welch-Aspin검정을 사용하여야 한다.

 ## 2. 단일표본 t 검정

1) 사용 목적

단일표본 t 검정(one-sample t test)이란 모집단의 분산을 알지 못할 때 모집단에서 추출된 표본의 평균과 연구자가 이론적 배경이나 경험적 배경에 의하여 설정한 특정한 수를 비교하는 방법이다. 실제 연구에서는 모집단의 분산을 알지 못하므로 단일표본 t 검정을 자주 사용한다. 예를 들어, 어떤 연구자가 새로운 교수법을 개발하여 중학교 3학년 학생에게 수업을 실시한 후 그 학생들의 수학점수 평균이 경험적 배경에 의하여 설정한 중학교 3학년 학생들의 평균이라 생각하는 68점과 같은지를 알아보는 경우다. 즉, 새로운 교수법이 효과가 있는지 없는지를 검정하기 위하여 중학교 3학년을 대표할 수 있는 표본을 추출하여 새로운 교수법을 실시한 후 그 표본에서 얻은 평균과 표준편차를 가지고 검정하는 방법이다.

2) 기본 원리

단일표본 t 검정은 연구자가 알고 있는 특정값과 표본에서 추출된 평균값의 차이를 비교하는 방법으로 연구자가 설정한 특정값과 표본의 평균값의 차이가 크면, 두 값은 같을 것이라는 영가설을 기각하게 된다.

$$t = \frac{\overline{Y} - \mu}{\frac{s}{\sqrt{n}}}$$

$\overline{Y}$: 표본평균
μ : 영가설하에서 모집단 평균
s : 표본의 표준편차
n : 표본의 크기

3) 분석 실행

> **예 제**
>
> 중학교 2학년 학생들을 대상으로 한 과학성취도 국제비교연구에서 국제평균은 470점이었다.
> 우리나라 학생들의 과학 성취수준이 국제 성취수준과 같은가?

(1) 단일(일)표본 T 검정 대화상자 열기

Analyses ▷ T-Tests ▷ One Sample T-Test

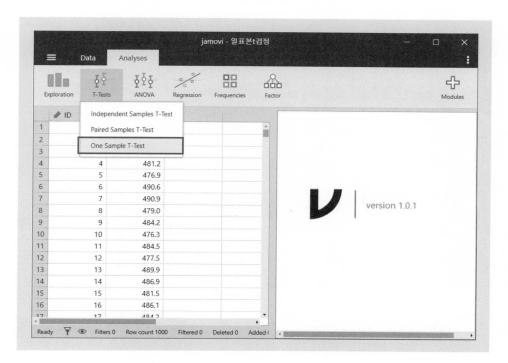

(2) 옵션 지정하기

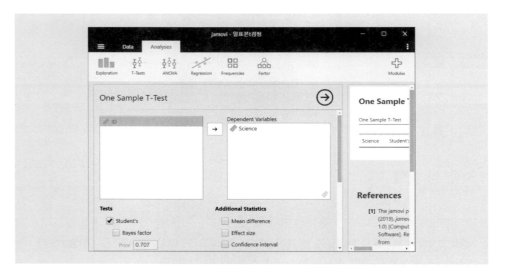

왼쪽 상자 안에 나열된 변수 중에서 단일(일)표본 t 검정을 수행하고자 하는 변수를 선택하여 Dependent variables 상자로 옮긴 후, 그 변수의 평균과 검정하고자 하는 대상 값을 Hypothesis의 Test value에 입력한다.

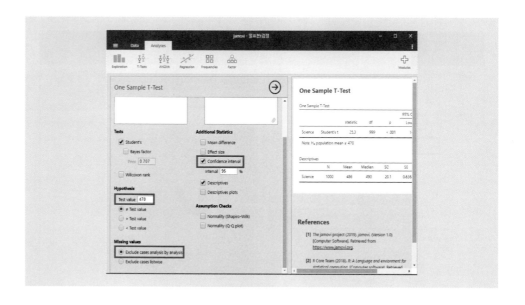

▌**검정값(Test Value)** ▌ 선택한 변수의 평균과 비교·검정될 수치를 말한다. 예를 들어, 예제와 같은 검정값을 선택한 경우, 영가설은 '과학성취도의 평균은 470점이다.'가 된다.

Additional Statistics에서 Confidence interval과 Descriptives가, Missing values에 Exclude cases analysis by analysis가 기본값으로 체크되어 있다.

신뢰구간(Confidence interval)

▐ **신뢰구간(Confidence interval)** ▌ 정해진 확률하에서 모수치를 포함하게 될 구간을 의미한다. jamovi에서는 평균의 차이에 대해 95% 신뢰구간이 기본설정값으로 지정되어 있다. 유의수준 .05를 의미한다. 연구가설의 유의수준에 따라 1에서 99까지의 값을 입력함으로써 해당 가설에 대한 신뢰구간을 설정할 수 있다.

결측값(Missing values)

▐ **분석별 결측값 제외(Exclude cases analysis by analysis)** ▌ 분석시 결측값이 있는 변수에서만 해당 케이스를 제외

▐ **목록별 결측값 제외(Exclude cases listwise)** ▌ 분석시 사용되는 모든 변수에서 결측값이 있는 케이스를 제외

원하는 옵션을 선택한 다음 일표본 T 검정 대화상자에서 화살표를 클릭하면 오른쪽 뷰어에 결과가 나타난다.

4) 분석 결과

▪ 분석 결과 1. 과학성취도의 기술통계

Descriptives

	N	Mean	Median	SD	SE
Science	1000	486	490	20.1	0.636

▟▘ 분석 결과 2. 과학성취도의 단일(일)표본 t 검정

One Sample T-Test					95% Confidence Interval	
		statistic	df	p	Lower	Upper
Science	Student's t	25.3	999	< .001	14.8	17.3

Note. H₀ population mean ≠ 470

5) 분석 결과 보고

우리나라 중학교 2학년 학생들의 과학성취도가 국제성취도 평균인 470점과 같은지 알아보기 위하여 단일표본 t 검정을 실시하였다. 우리나라 학생들의 과학성취도의 평균, 표준편차 및 t 통계값은 〈표 9-1〉과 같다.

〈표 9-1〉 우리나라 학생들의 과학성취도에 대한 단일표본 t 검정 결과

사례 수	평균	표준편차	t	유의확률
1,000	486.0	20.1	25.3	<.001

1,000명의 학생을 대상으로 과학성취도를 평가한 결과, 평균은 486.0, 표준편차는 20.1이다. t 통계값은 25.3이고, 이에 따른 유의확률은 $p<.001$로 유의수준 .05에서 우리나라 학생들의 과학성취도의 평균은 470점이 아니라고 결론내릴 수 있다.

3. 두 종속(대응)표본 *t* 검정

1) 사용 목적

두 종속(대응)표본 *t* 검정(two-dependent samples *t* test; matched pair *t* test)은 종속 변수가 양적변수고, 두 집단이 독립적이지 않을 경우 두 집단의 종속변수에 대한 차이 연구를 위하여 사용하는 통계적 방법으로, 행동과학을 위한 연구에서 자주 사용된다. 두 집단이 종속적이라는 것은 추출된 표본의 모집단들이 서로 관계가 있음을 뜻한다. 대표적인 예로 남녀 비교의 경우 남녀 표본을 남녀 모집단에서 독립적으로 추출하는 것이 아니라 부부 모집단이나 남매 모집단에서 추출하는 경우를 들 수 있다. 이때 남녀 표본은 서로 관계를 가지고 있으며, 두 모집단 역시 관계가 있다.

또 다른 예는 **사전-사후검사**다. 사전검사를 실시하고 난 후 어떤 처치를 가하고 처치효과가 있는지를 검정하기 위하여 사후검사를 실시하였을 때 사후검사에서 연구대상에 어떤 변화가 나타났다면 이는 처치효과가 있음을 말해 준다. 이때 사전검사 자료와 사후검사 자료는 동일한 연구대상에게 검사를 두 번 실시하여 얻은 자료이기 때문에 서로 독립적이지 않으며, 서로 종속되어 있다. 이런 경우의 자료를 짝지어진 자료(matched pair data)라고도 한다.

2) 기본 원리

두 종속(대응)표본 *t* 검정은 두 표본이라 하지만, 실제 검정에서 두 점수의 차이를 하나의 점수로 환산하여 차이가 있는지 혹은 없는지를 검정한다. 예를 들어, 다음에 설명할 분석 실행의 예제와 같이 체력증진 프로그램의 효과가 있는지 분석하기 위하여 체력증진 프로그램을 실시하고 난 후의 체력과 체력증진 프로그램을 실시하기 전의 체력을 측정하여 프로그램 실시 전후의 점수차를 계산한다. 프로그램의 효과가 없다면 두 체력 점수 간의 차이가 없을 것이고, 프로그램의 효과가 있다면 체력 점수의 차이가 클 것이다. 사전과 사후 점수 간의 차이가 크다면 프로그램이나 처치효과가 없다는 영가설을 기각하게 된다.

$$t = \cfrac{\overline{d}}{\cfrac{s_d}{\sqrt{n}}}$$

$\overline{d}$: 두 표본의 차이 평균
s_d : 두 표본의 차이 표준편차
n : 표본의 크기

3) 분석 실행

예 제

체력증진을 위해 개발된 새로운 프로그램을 고등학교 2학년 학생 150명을 대상으로 한 학기 동안 적용하였다. 체력증진 프로그램을 적용하기 전후 학생들의 체력에 차이가 있는가?

(1) 두 종속(대응)표본 T 검정 대화상자 열기

Analyses ▷ T-Tests ▷ Paired Samples T-Test

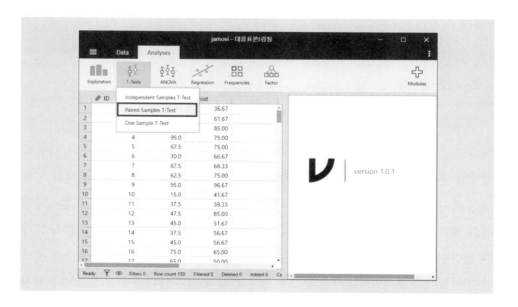

(2) 옵션 지정하기

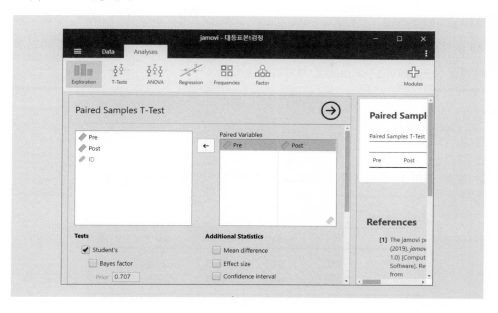

　대응변수인 두 변수를 선택한 이후에 화살표를 클릭하거나 끌어 옮겨 Paired Variables 상자로 이동시킨다. 이와 같이 사전체력과 사후체력을 대응변수로 선택한 경우에 영가설은 '사전체력과 사후체력의 평균은 같다.'가 된다.
　대화상자 다음의 세부 옵션을 지정한다.

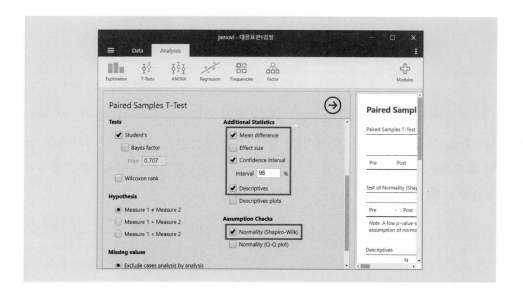

옵션 지정은 단일(일)표본 t 검정의 옵션 대화상자와 비슷하나 Additional Statistics의 Mean difference를 선택하고 Assumption Checks(가정검정)에서 Normality(Shapiro-Wilk) 정규성 가정검정이 추가되었다. 만약 Q-Q plot을 통해 정규성 검정을 하려면 아래의 Normality(Q-Q plot)를 체크하면 된다.

4) 분석 결과

·ᆞ 분석 결과 1. 사전체력 점수와 사후체력 점수의 기술통계

Descriptives

	N	Mean	Median	SD	SE
Pre	150	64.1	67.5	21.6	1.76
Post	150	68.2	66.7	16.0	1.31

·ᆞ 분석 결과 2. 사전체력 점수와 사후체력 점수의 가정검정

Test of Normality (Shapiro-Wilk)

			W	p
Pre	-	Post	0.994	0.741

Note. A low p-value suggests a violation of the assumption of normality

사전체력 점수와 사후체력 점수의 정규성 가정 결과 Shapiro-wilk 값이 .994이고 유의확률 .741로 유의수준 .05에서 두 집단 간 분산이 같다는 가정을 충족하였다. 만약 유의확률이 .05보다 작아서 두 집단 간 분산이 차이가 없다는 영가설을 기각하면 정규성 가정이 위배된다.

▪▪ 분석 결과 3. 사전체력 점수와 사후체력 점수의 대응(종속)표본 *t* 검정

Paired Samples T-Test			statistic	df	p	Mean difference	SE difference	95% Confidence Interval	
								Lower	Upper
Pre	Post	Student's t	-2.94	149	0.004	-4.18	1.42	-6.98	-1.37

t 통계값은 사전점수에서 사후점수를 뺀 평균 차이점수를 사용하여 계산되는데, 이 경우 사전체력보다 사후체력 점수가 높아 차이점수와 *t* 통계값이 음수로 제시된다.

5) 분석 결과 보고

체력증진 프로그램의 효과를 알아보기 위하여 사전체력과 사후체력의 기술통계와 두 종속표본 *t* 검정 결과는 〈표 9-2〉와 같다.

사전체력의 평균은 64.1, 표준편차는 21.6이며, 사후체력의 평균은 68.2, 표준편차는 16.0이다. 사전체력과 사후체력의 차이에 대한 통계적 유의성을 검정한 결과 *t* 통계값은 -2.94, 유의확률은 .004로서 유의수준 .05에서 체력증진 프로그램에 의한 학생들의 사전과 사후 체력에 차이가 있는 것으로 분석되었다.

〈표 9-2〉 체력증진 프로그램의 효과에 대한 두 종속표본 *t* 검정결과

	사전체력	사후체력
평균	64.1	68.2
표준편차	21.6	16.0
사례 수	150	150
t	-2.94	
유의확률	.004	

4. 두 독립표본 t 검정

1) 사용 목적

두 독립표본 t 검정(two-independent samples t test)이란 각기 다른 두 모집단의 속성인 평균을 비교하기 위하여 두 모집단을 대표하는 표본들을 독립적으로 추출하여 표본 평균을 비교함으로써 모집단간의 유사성을 검정하는 방법이다. 두 독립표본 t 검정은 두 표본 집단의 등분산성을 기본 가정으로 한다. 그러므로 두 독립표본 t 검정 전에 두 집단의 분산이 동일한지 확인해야 한다.

연구에서 사용되는 척도가 서열척도라도 서열척도 점수의 합이 종속변수이면 양적변수로 간주할 수 있으므로 두 독립표본 t 검정을 사용할 수 있다. 그러나 종속변수가 질적변수일 경우에는 t 검정을 사용하지 않는다.

2) 기본 원리

두 독립표본 t 검정 역시 두 집단의 평균 비교나 두 종속표본의 짝비교가 아니므로 한 모집단에서 추출된 표본의 평균과 다른 모집단에서 추출된 평균을 비교한다. 그러므로 두 표본의 평균 차이가 크면 두 모집단의 평균이 같다는 영가설을 기각하게 된다.

두 집단의 평균 차이의 크기를 판단하는 기준은 표준오차에 의해서 계산되며, 이때 등분산 가정에 의하여 두 표본에서 얻은 분산을 가지고 **통합분산**을 계산하여 표준오차를 계산한다.

$$t = \frac{\overline{Y}_1 - \overline{Y}_2}{\sqrt{s_p^2\left(\dfrac{1}{n_1} + \dfrac{1}{n_2}\right)}}$$

$\overline{Y}_1$: 첫 번째 표본 평균
$\overline{Y}_2$: 두 번째 표본 평균
s_p^2 : 두 표본의 통합분산
n_1 : 첫 번째 표본 크기
n_2 : 두 번째 표본 크기

3) 분석 실행

───── 예 제 ─────

성별에 따라 고등학교 2학년 학생들의 외국어 능력에 차이가 있는가?

(1) 독립표본 T 검정 대화상자 열기

Analyses ▷ T-Tests ▷ Independent Samples T-Test

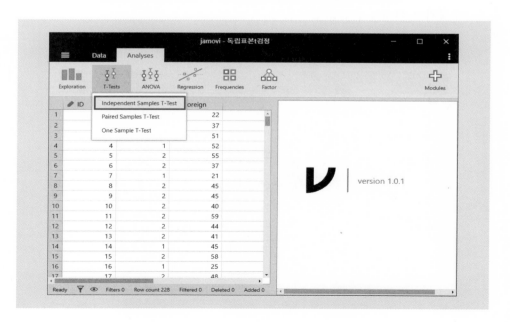

(2) 옵션 지정하기

종속변수인 '외국어'를 Dependent Variables 상자에 옮기고, 독립변수인 '성별'을 Grouping Variable 상자에 옮긴다.

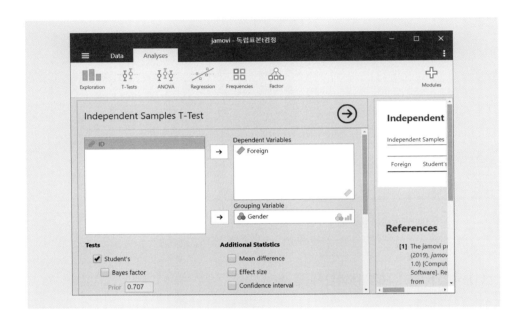

변수상자 아래에서 옵션을 선택한다.

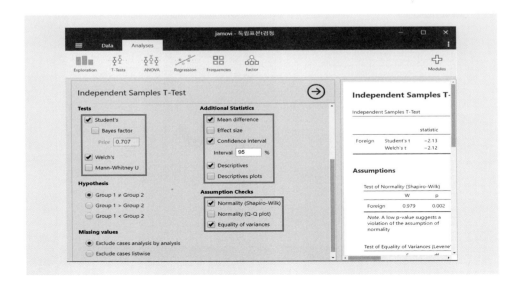

옵션 설정은 두 대응(종속)표본 *t* 검정의 옵션 대화상자와 동일하며 Assumption Checks에서 Equality of Variances를 선택한다.

4) 분석 결과

:■ 분석 결과 1. 성별에 따른 외국어 점수의 기술통계

Group Descriptives						
	Group	N	Mean	Median	SD	SE
Foreign	Male	105	39.7	39.0	10.1	0.990
	Female	123	42.4	41.0	9.12	0.822

데이터에서 남자는 '1', 여자는 '2'로 코딩되었다.

:■ 분석 결과 2. 종속변수인 외국어 점수의 가정검정

Test of Equality of Variances (Levene's)				
	F	df	df2	p
Foreign	1.16	1	226	0.282

Note. A low p-value suggests a violation of the assumption of equal variances

Levene의 등분산 검정결과, 유의확률 .282로 두 집단의 분산이 같다는 영가설을 기각하지 않으므로 외국어 점수에 대한 남자집단과 여자집단의 등분산성 가정이 충족된다고 할 수 있다. 그러므로 두 독립표본 *t* 검정표에서 등분산이 가정되는 부분의 *t* 통계값과 유의확률을 가지고 결과를 해석할 수 있다.

Levene 등분산 검정
- 가설

$H_0 : \sigma_1 = \sigma_2 \; / H_A : \sigma_1 \neq \sigma_2$

- 기본 원리

  등분산성 가정의 위배는 일반적으로 실험처치 이전에 집단들의 분산이 서로 다르기 때문에 발생한다. 등분산성 가정이 위배되면 F분포는 원래 자유도보다 작은 자유도를 갖는 F분포가 되며, 제1종 오류가 커지게 된다. 따라서 집단간 차이를 검정하고자 한다면 등분산성 가정의 충족 여부를 반드시 확인하여야 한다.

- 검정공식

  Levene의 검정법은 피험자 개인 점수를 $Z_{ij} = Y_{ij} - \overline{Y_{i.}}$로 변환한 후 일원분산분석을 실시한다.

$$L = \frac{(N-k)\sum_{i=1}^{k} N_i (\overline{Z_{i.}} - \overline{Z_{..}})^2}{(k-1)\sum_{i=1}^{k}\sum_{j=1}^{N_i}(Z_{ij} - \overline{Z_{i.}})^2}$$

N : 전체 사례 수
k : 집단 수
N_i : 집단내 사례 수
Y_{ij} : 개인 점수
$\overline{Y_{i.}}$: i번째 집단의 평균
$\overline{Z_{i.}}$: i번째 집단의 Z_{ij}점수의 평균
$\overline{Z_{..}}$: Z_{ij}점수의 전체 평균
Z_{ij} : 개인 점수와 i번째 집단의 평균 차이의 절대값

❖ 분석 결과 3. 성별에 따른 외국어 점수의 두 독립표본 t 검정

Independent Samples T-Test

		statistic	df	p	Mean difference	SE difference	95% Confidence Interval Lower	Upper
Foreign	Student's t	-2.13	226	0.034	-2.72	1.28	-5.24	-0.210
	Welch's t	-2.12	211	0.035	-2.72	1.29	-5.26	-0.187

5) 분석 결과 보고

고등학교 2학년 학생들의 성별에 따른 외국어 점수의 기술통계와 차이를 알아보기 위하여 두 독립표본 t 검정을 실시한 결과는 〈표 9-3〉과 같다.

〈표 9-3〉 성별에 따른 외국어 능력의 차이에 대한 두 독립표본 t 검정결과

성별	남학생	여학생
평균	39.7	42.4
표준편차	10.1	9.12
사례 수	105	123
t 통계값		−2.13
유의확률		.034

　　남학생들의 외국어 능력의 평균은 39.7, 표준편차는 10.1이며, 여학생들의 외국어 능력의 평균은 42.4, 표준편차는 9.12다. 남녀 학생들의 외국어 능력에 차이가 있는지에 대한 t 통계값은 −2.13, 유의확률은 .034로서 유의수준 .05에서 성별에 따라 외국어 능력에 유의한 차이가 있는 것으로 분석되었다.

※ **참고:** t 통계값이 −2.13이고 유의확률이 .034라는 것에 대하여 자세히 살펴보자. 남학생과 여학생의 외국어 능력 비교검정을 위한 두 집단의 외국어 능력에 차이가 없다는 영가설이 사실이라 할지라도 남학생의 외국어 능력과 여학생의 외국어 능력의 차이가 2.7(t =−2.13)점이 나올 수 있는 확률이 .034라는 의미다. 이런 연구를 1,000번 하였을 때 남학생과 여학생의 외국어 능력의 점수 차이가 2.7 이상이 되는 경우가 34번 나타난다는 것이다. 이런 경우는 영가설 하에서 드물게 나타나므로 영가설을 기각하게 되고, 오판을 하게 되는 확률은 .034라 할 수 있다.

5. Welch-Aspin 검정

　　등분산성이 충족되지 않는 두 독립표본 t 검정을 **Welch-Aspin 검정**이라고 한다. 실행방법과 성별에 따른 국어점수를 비교하기 위한 절차는 두 독립표본 t 검정과 같다. 다만, 분석 결과를 해석하고 보고할 때 등분산 가정 검정결과 등분산이 가정되지 않는 경우 '등분산이 가정되지 않음'에 해당하는 통계값을 보고한다.

📑 분석 결과 1. 성별에 따른 국어점수의 기술통계

Group Descriptives

	Group	N	Mean	Median	SD	SE
Korean	Male	75	40.9	39.0	10.9	1.26
	Female	75	44.2	43.5	8.93	1.03

📑 분석 결과 2. Levene의 등분산 검정

Test of Equality of Variances (Levene's)

	F	df	df2	p
Korean	5.04	1	148	0.026

Note. A low p-value suggests a violation of the assumption of equal variances

📑 분석 결과 3. 성별에 따른 국어점수의 Welch-Aspin 검정

Independent Samples T-Test

		statistic	df	p	Mean difference	SE difference	95% Confidence Interval Lower	Upper
Korean	Student's t	2.04 [a]	148	0.043	3.32	1.63	0.112	6.54
	Welch's t	2.04	143	0.043	3.32	1.63	0.111	6.54

[a] Levene's test is significant (p < .05), suggesting a violation of the assumption of equal variances

Levene의 등분산 가정 검정결과, 유의확률은 .026으로 영가설을 기각하므로 두 집단의 분산은 다르다고 할 수 있다. 그러므로 두 독립표본 t 검정표에서 등분산이 가정되지 않는 부분의 t 통계값과 유의확률에 의해 결과를 해석할 수 있다.

분석 결과를 기술하는 방법은 〈표 9-3〉의 형태와 같으며 성별에 따른 국어점수의 Welch-Aspin 검정결과, Welch's t 통계값은 2.04, 유의확률이 .043이므로 유의수준 .05에서 성별 간의 국어점수 평균은 같지 않다고 결론 내린다.

제**10**장 일원분산분석

일원분산분석은 세 집단 이상의 평균을 비교하는 분석방법이다. 일원분산분석을 실행하려면 연속변수인 종속변수, 세 개 이상의 범주를 가지고 있는 하나의 독립변수가 있어야 한다.

 ## 1. 기본 가정

일원분산분석을 위한 기본 가정은 다음과 같다.

- 종속변수가 양적변수이어야 한다.
- 각 집단에 해당되는 모집단의 분포가 정규분포이어야 한다.
- 각 집단에 해당되는 모집단들의 분산이 같아야 한다.

Z검정과 t검정, 그리고 F검정에서 공히 지켜야 할 기본 가정은 종속변수가 양적변수며, 정규분포 가정과 등분산 가정이 충족되어야 한다는 것이다. 주의해야 할 점은 정규분포와 등분산 가정은 모집단에 해당하는 것이지 연구의 대상인 표본에 해당하는 것이 아니다. F검정 역시 t검정, Z검정과 같이 만약 정규분포 가정과 등분산 가정이 충족되지 않으면 비모수통계(non-parametric statistics)를 사용하여야 한다는 사실을 환기하여야 한다.

2. 일원분산분석

1) 사용 목적

일원분산분석(one-way analysis of variance; **one-way ANOVA**)은 독립변수가 하나일 때 분산의 원인이 집단간 차이에 기인한 것인지를 분석하는 통계적 방법이다. 즉, 인종 간 지능의 차이라든가 사회계층에 따른 사회에 대한 만족도, 또는 교수법에 따른 학업성취의 차에 관한 연구를 할 때, 각 연구에서 독립변수는 하나임을 알 수 있다. 첫 번째 연구에서 독립변수는 인종이며, 두 번째 연구에서는 사회계층, 세 번째 연구에서는 교수법이 된다. 각기 하나의 독립변수에 의한 집단간의 차이를 비교하게 되므로 이를 일원분산분석이라 한다.

2) 기본 원리

분산분석의 기본 원리는 분산의 원인이 어디에 있는가를 파악하는 통계적 방법이다. 만약, 세 집단에 처치를 가하였을 때, 처치효과가 있다면 집단간 차이가 발생할 것이고, 처치효과가 없다면 집단간 차이는 없을 것이다. 그렇다면 집단간 차이가 어느 정도 있을 때 처치효과가 있는지를 검정하고자 한다면 기준이 필요하게 된다. 이때 사용되는 기준은 집단내 차이, 즉 집단내 편차다.

편차의 합은 항상 0이 되므로 집단간 편차는 집단간 편차제곱합으로 계산하고 집단내 편차는 집단내 편차제곱합으로 계산한다.

개인의 점수는 **전체 평균**, **집단의 효과**, 그리고 **집단내의 오차**로 구성된다. 즉, 개인의 점수는 모든 연구대상의 평균 점수, 그리고 어떤 특정 집단에 속하여 처치를 받았다면 그에 따른 **처치효과**, 그리고 개인차에 따른 **개인 오차**인 집단내 편차로 구성된다. 이를 수식으로 표현하면 다음과 같다.

$$Y_{ij} = \mu + \alpha_j + \epsilon_{ij}$$

Y_{ij} : j 집단에 있는 i의 점수
α_j : j 집단의 효과
ϵ_{ij} : 오차점수

$$Y_{ij} = \overline{Y} + (\overline{Y}_j - \overline{Y}) + (Y_{ij} - \overline{Y}_j)$$

$\overline{Y}$: 전체 평균
$\overline{Y}_j$: 집단평균

위의 식에서 $\overline{Y}$를 좌변으로 옮기면,

$$Y_{ij} - \overline{Y} = (\overline{Y}_j - \overline{Y}) + (Y_{ij} - \overline{Y}_j)$$

총편차 =   집단간 편차   + 집단내 편차

$$\sum_j \sum_i (Y_{ij} - \overline{Y})^2 = \sum_j \sum_i (\overline{Y}_j - \overline{Y})^2 + \sum_j \sum_i (Y_{ij} - \overline{Y}_j)^2$$

$$SS_{전체} \quad = \quad SS_{집단간} \quad + \quad SS_{집단내}$$

편차의 합은 0이 되므로 편차를 제곱하면, 총편차제곱합은 집단간 편차제곱합과 집단내 편차제곱합을 더한 것이 된다. 집단간 편차제곱합이 집단내 편차제곱합보다 크면 집단간 차이 혹은 처치효과가 있게 된다. 이때 두 편차제곱합을 각각의 자유도로 나눈 값을 편차제곱평균이라 하고, 두 편차제곱평균의 비를 **F 통계값**이라 한다.

$$F = \frac{집단간 \ 편차제곱평균}{집단내 \ 편차제곱평균}$$

F 통계값이 크면 집단간의 차이가 있음을 의미한다. 이 원리에 의한 분석 결과는 〈표 10-2〉와 같이 분산분석표에 기록된다.

3) 분석 실행

일원분산분석을 실시하는 방법에는 [One-way ANOVA], [ANOVA], 그리고 Module GAMLj를 설치하여 일반선형모형인 [General Linear Model] 프로시저를 사용하는 방법이 있다. 여기에서는 [ANOVA]와 [One-way ANOVA] 프로시저로 분석하는 방법과 [ANOVA]와 [ANOVA] 프로시저로 분석하는 방법을 소개한다.

┌─ 예 제 ─┐

교수법에 따른 외국어 성취수준의 차이를 알아보기 위하여 고등학교 2학년 두 개 학급씩을 선정하여 각각 강의식 방법, 멀티미디어 방법, 조별토론식 방법을 적용하여 한 학기 동안 수업을 진행하였다. 교수법에 따라 외국어 성취수준에 차이가 있는가?

---

(1) 일원분산분석: One-way ANOVA이용하기

가. 기술통계 대화상자 열기

[Analyses] ▷ [Expolration] ▷ [Descriptives]

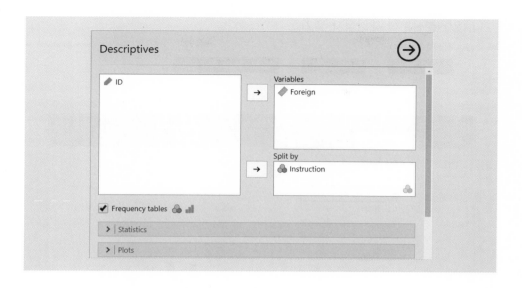

기술통계 분석 상자가 열리면 Variables에 '외국어'를 Split by에 '교수법'을 넣는다.

Statistics를 열어 N, Missing, Mean, Std. deviation, S. E. Mean에 체크한다.

나. 일원분산분석 대화상자 열기

다. 옵션 지정하기

변수 목록에서 종속변수와 독립변수를 지정한다. 이때 종속변수는 연속형 변수고, 독립변수는 범주형 변수이어야 한다. 외국어점수를 Dependent Variables에 옮기고 교수법을 Grouping Variable에 옮긴다.

대화상자 아래에서 옵션을 지정하여 다양한 통계량을 확인할 수 있다.

Additional Statistics에서 Descriptives table에 체크하여 기술통계로 자료의 형
태를 파악한다. Assumption Checks에서 Equality of variances로 등분산 가정을

검정하고 Normality(Shapiro-Wilk)에서 정규성 가정을 검정한다. Variances에서 자료가 등분산 가정을 만족하지 못한 경우의 결과인 'Welch's'와 등분산 가정을 만족한 경우의 결과인 Fisher's를 모두 선택한다.

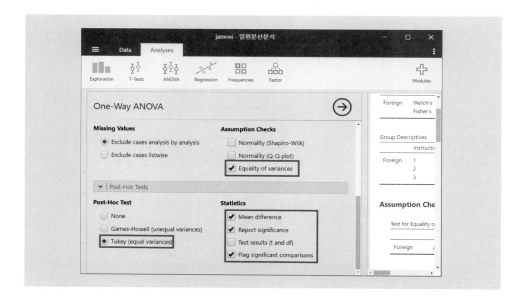

집단 간의 차이를 알아보기 위한 사후대비 분석을 위해 Post-Hoc Test 메뉴를 눌러 필요한 값을 지정할 수 있다. 이 분석은 등분산 가정을 만족하였기 때문에 Tukey(equal variances)를 선택한다. Statistics에서 Mean difference와 Report significance, Flag significant comparisons에 체크하면 유의한 차이가 있는 집단 간 대비에 대한 결과를 확인할 수 있다.

(2) 일원분산분석: ANOVA이용하기

가. 기술통계 대화상자 열기

Analyses ▷ Expolration ▷ Descriptives

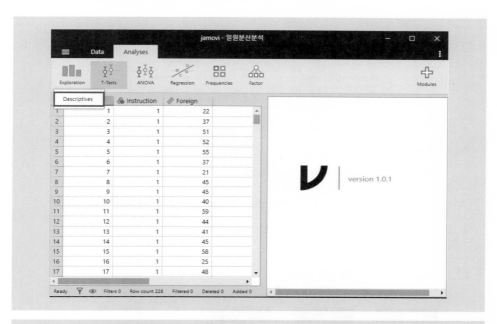

　기술통계 분석 상자가 열리면 전체 기술통계 확인을 위해 Variables에 외국어점수를 먼저 넣고 결과 확인 후, Split by에 '교수법'을 넣고 각 집단별 기술통계 결과를 확인한다.

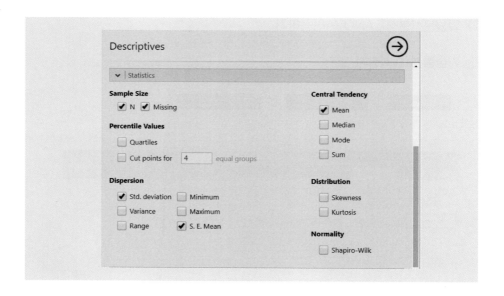

Statistics를 열어 N, Missing, Mean, Std. deviation, S. E. Mean에 체크한다.
통계량 옵션을 모두 체크하고 나면 뷰어에서 바로 결과를 확인 가능하다.

나. 일원분산분석 대화상자 열기

Analyses ▷ ANOVA ▷ ANOVA

다. 옵션 지정하기

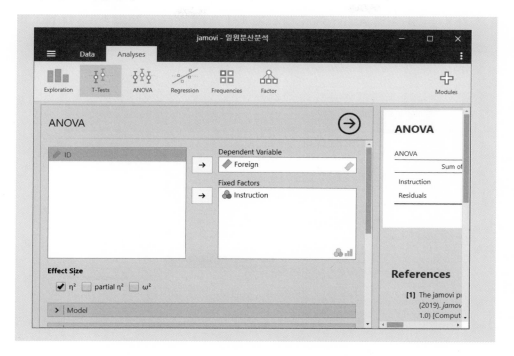

변수 목록에서 종속변수와 독립변수를 지정한다. 이때 종속변수는 연속형 변수이고, 독립변수는 범주형 변수이어야 한다. 외국어 점수를 Dependent Variables에 옮기고, 교수법을 Fixed Factors에 옮긴다.

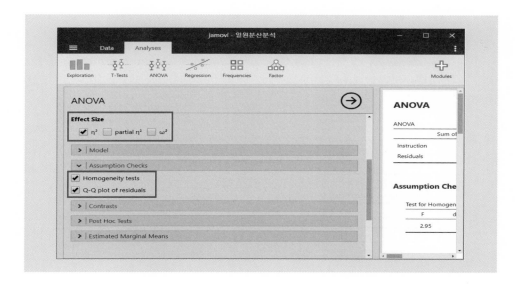

변수 대화상자 아래에서 옵션들을 지정한다. 먼저 Effect Size에서 η^2에 체크하고 가정점검을 위해 Assumption Checks에서 Homogeneity tests와 Q-Q plot of residuals에 체크한다.

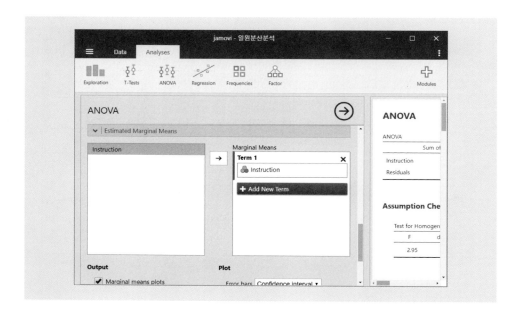

추정된 주변평균을 구하기 위해 Estimated Marginal Means에서 Marginal Means의 Term1에 'OK'을 옮긴다.

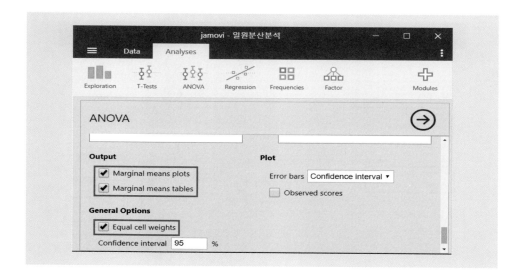

Output의 Marginal means plots와 General Options의 Equal cell weight에 기본값으로 설정되어 있으며, 이를 유지한다. Output의 Marginal means tables에 체크한다.

4) 분석 결과

(1) 기술통계 분석 결과

∷ 분석 결과 1. 교수법에 따른 사후외국어 점수의 기술통계

Descriptives

	Foreign
N	228
Missing	0
Mean	41.1
Std. error mean	0.637
Standard deviation	9.62

Descriptives

	Instruction	Foreign
N	Lecture	76
	Multimedia	76
	Discussion	76
Missing	Lecture	0
	Multimedia	0
	Discussion	0
Mean	Lecture	37.8
	Multimedia	42.1
	Discussion	43.4
Std. error mean	Lecture	1.07
	Multimedia	1.18
	Discussion	0.955
Standard deviation	Lecture	9.34
	Multimedia	10.3
	Discussion	8.33

(2) One-way ANOVA 프로시저 분석 결과

¡¡ 분석 결과 1. 교수법에 따른 사후외국어 점수의 등분산성 검정

Test for Equality of Variances (Levene's)

	F	df1	df2	p
Foreign	2.95	2	225	0.054

¡¡ 분석 결과 2. 교수법에 따른 사후외국어 점수의 분산분석표

One-Way ANOVA

		F	df1	df2	p
Foreign	Welch's	8.09	2	149	< .001
	Fisher's	7.60	2	225	< .001

¡¡ 분석 결과 3. 교수법에 따른 사후외국어 점수의 그래프

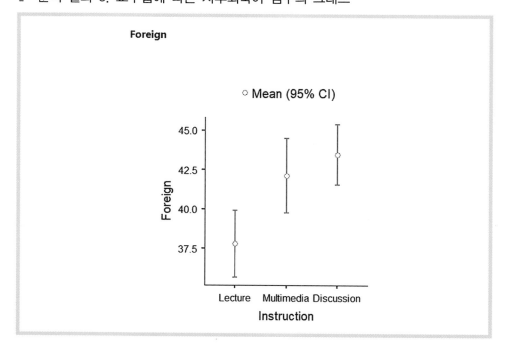

(3) ANOVA 프로시저 분석 결과

▪ 분석 결과 1. 교수법에 따른 사후외국어 점수의 등분산성 검정

Test for Homogeneity of Variances (Levene's)			
F	df1	df2	p
2.95	2	225	0.054

Levene의 등분산 가정 검정결과 유의확률은 .054로 영가설을 기각하지 못하므로 세 집단의 분산은 같다고 할 수 있다.

▪ 분석 결과 2. 교수법에 따른 사후외국어 점수의 분산분석표

ANOVA						
	Sum of Squares	df	Mean Square	F	p	η^2
Instruction	1330	2	665.2	7.60	< .001	0.063
Residuals	19697	225	87.5			

에타제곱(η^2)은 총편차제곱합 중에 집단간 차이, 즉 독립변수에 의한 집단간 편차의 제곱합 부분이 얼마인가를 나타내며, 이를 종속변수에 대한 독립변수의 설명력이라고 한다. 앞에서 에타제곱은 .063이므로 종속변수인 사후외국어 점수의 총편차제곱합, 즉 총 변화량의 6.3%를 독립변수인 교수법이 설명해 준다고 해석할 수 있다.

:▪ 분석 결과 3. 교수법에 따른 사후외국어 점수의 주변평균

Estimated Marginal Means - Instruction

Instruction	Mean	SE	95% Confidence Interval	
			Lower	Upper
Lecture	37.8	1.07	35.7	39.9
Multimedia	42.1	1.07	40.0	44.2
Discussion	43.4	1.07	41.3	45.6

:▪ 분석 결과 4. 교수법에 따른 사후외국어 점수의 그래프

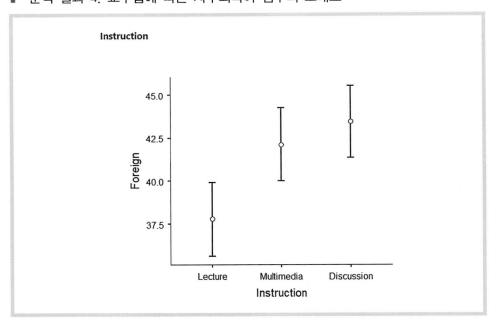

5) 분석 결과 보고

세 교수법에 의한 수강생들의 외국어 점수의 평균, 표준편차는 〈표 10-1〉과 같다.

〈표 10-1〉 교수법에 따른 사후외국어 점수에 대한 기술통계

	강의식	멀티미디어	조별토론식	합계
평균	37.8	42.1	43.4	41.1
표준편차	9.34	10.3	8.33	9.62
사례 수	76	76	76	228

강의식으로 수업받은 학생들의 평균은 37.8, 표준편차는 9.34이고, 멀티미디어 방법으로 수업받은 학생들의 평균은 42.1, 표준편차는 10.3이며, 조별토론식으로 수업받은 학생들의 평균은 43.4, 표준편차는 8.33이다.

교수법에 따라 외국어 점수에 차이가 있는지 알아보기 위하여 일원분산분석을 실시한 결과는 〈표 10-2〉와 같다.

〈표 10-2〉 교수법에 따른 외국어 성취수준에 대한 일원분산분석 결과

	제곱합	자유도	평균제곱	F	유의확률
교수법	1330	2	665.22	7.60	<.001
오차	19697	225	87.5		
합계	21027	227			

세 집단의 평균차이에 대한 F통계값이 7.60, 유의확률은 .001로서 유의수준 .05에서 교수법에 따라 학생들의 외국어 성취수준에 유의한 차이가 있다.

3. 사후비교분석

1) 사용 목적

분산분석에서의 영가설은 '각 집단의 모집단 평균이 모두 같다.'이며, 이를 **전체가**
설(omnibus or overall hypothesis)이라 한다. 일원분산분석에서 만약 영가설이 기각되
었다면 비교집단들의 모집단 평균이 차이가 있다고 해석한다. 전체가설이 기각되었
다는 것은 연구대상 집단 중 어느 한 모집단이 다른 모집단과 같지 않다는 의미다.
즉, 여러 모집단 평균들과의 많은 대비 중 최소한 하나(at least one comparison) 이상
의 대비가 통계적으로 영이 아니라면 영가설을 기각하게 된다는 것이다. 따라서 전
체가설의 기각이 어느 집단과 어느 집단간에 차이가 있는지를 말해 주지는 않는다.
사후비교분석은 분산분석에서 전체가설이 기각되었을 경우 이것이 구체적으로 어
떤 집단간의 차이에 기인하는지를 분석하는 것이다.

2) 기본 원리

세 집단의 일원분산분석의 경우 영가설이 기각되었다면 그 안에 대비는 여섯 개
가 된다. 즉, 1 vs 2, 1 vs 3, 2 vs 3의 **단순비교**(simple comparison)가 있을 수 있으며,
한 집단과 다른 두 집단의 합성으로서 1 vs (2+3), 2 vs (1+3), 3 vs (1+2)인 **복합**
비교(complex comparison)가 있다. 이상의 여섯 개의 대비 중 한 개의 대비라도 유의한
차이가 있다면 전체가설이 기각되므로 실질적으로 한 개의 대비는 각각 유의수준 / 대비
수의 유의수준을 갖게 된다.

사후검정으로 어느 대비에 차이가 있는가를 검정하는 방법으로 Scheffé와 Tukey
방법 등이 있다. Tukey 방법은 집단 간에 사례 수가 동일할 때 사용되며, 주로 Scheffé
방법이 사용된다.

3) 분석 실행

> ┌─ 예 제 ─┐
> 교수법에 따라 외국어 성취수준에 차이가 있다면, 어떤 교수법 간의 차이에 기인하는가?

사후분석도 두 가지 프로시저에서 각각 실행 가능하다.

(1) One-way ANOVA 프로시저

One-way ANOVA 프로시저에서 Post-Hoc Tests를 열면 다음과 같은 사후분석 대화상자가 열린다. 여기에서 사후분석의 예로 Tukey검정을 선택한다.

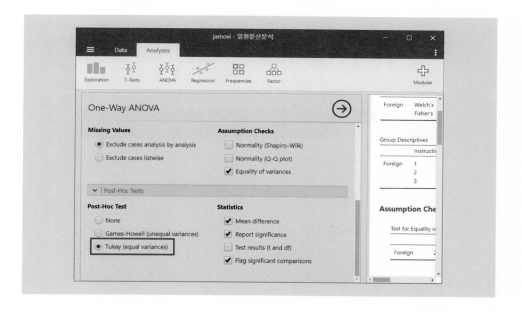

(2) ANOVA 프로시저

ANOVA 프로시저에서 Post-Hoc Tests를 열면 다음과 같은 사후분석 대화상자가 열린다. 사후분석 검정을 위해 Post Hoc Tests를 열고 지도법을 오른쪽으로 옮긴다.

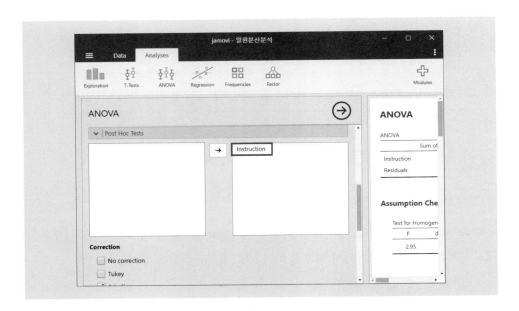

Correction에서 Scheffe검정을 선택한다.

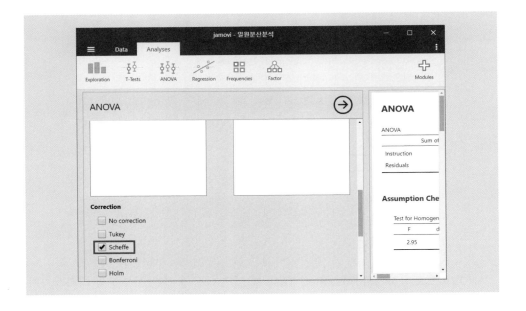

4) 분석 결과

:• 분석 결과 1. One–way ANOVA 프로시저를 이용한 교수법에 따른 사후외국어 점수의 사후비교분석(Tukey)

Tukey Post-Hoc Test – Foreign		Lecture	Multimedia	Discussion
Lecture	Mean difference	—	−4.33	−5.66***
	p-value	—	0.013	< .001
Multimedia	Mean difference		—	−1.33
	p-value		—	0.656
Discussion	Mean difference			—
	p-value			—

Note. * p < .05, ** p < .01, *** p < .001

:• 분석 결과 2. ANOVA 프로시저를 이용한 교수법에 따른 사후외국어 점수의 사후비교분석(Scheffé)

Post Hoc Comparisons - Instruction							
Instruction	Comparison Instruction	Mean Difference	SE	df	t	$p_{scheffe}$
Lecture	- Multimedia	−4.33	1.52	225	−2.852	0.018
	- Discussion	−5.66	1.52	225	−3.728	0.001
Multimedia	- Discussion	−1.33	1.52	225	−0.876	0.682

교수법에 따른 사후외국어 점수의 사후비교 결과, 강의식 교수법과 멀티미디어 교수법에서 외국어 점수에 유의한 차이가 있었고, 강의식 교수법과 조별토론식 교수법에서도 외국어 점수에 유의한 차이가 있었다. 멀티미디어 교수법과 조별토론식 교수법에 의한 외국어 점수에는 유의한 차이가 나타나지 않았다.

5) 분석 결과 보고

교수법에 따른 사후외국어 점수의 사후비교분석(Scheffé)을 실시한 결과는 〈표 10-3〉과 같다.

〈표 10-3〉 교수법에 따른 사후외국어 점수의 사후비교분석

교수법	평균차	표준오차	유의확률
강의식 vs 멀티미디어	−4.33	1.52	.018
강의식 vs 조별토론식	−5.66	1.52	.001
멀티미디어 vs 조별토론식	−1.33	1.52	.682

교수법에 따른 사후외국어 점수의 사후비교분석 결과, 강의식 교수법과 멀티미디어 교수법에 의한 사후외국어 점수의 평균차는 −4.33이고 유의확률은 .018, 강의식 교수법과 조별토론식 교수법에 의한 사후외국어 점수의 평균차는 −5.66이고 유의확률은 .001로서 유의수준 .05에서 교수법 간의 외국어 점수에 유의한 차이가 있다. 멀티미디어 교수법과 조별토론식 교수법에 의한 사후외국어 점수의 평균차는 −1.33이고, 유의확률은 .682로 두 교수법에 의한 외국어 점수에는 유의한 차이가 없었다.

제**11**장 이원분산분석

 이원분산분석(two-way analysis of variance)은 독립변수가 2개인 경우에 집단간 평균비교를 위한 분석방법이다. 예를 들어, 학업성취도에 교수법의 효과와 송환 여부의 효과가 있는지를 검정하고자 할 때 실시한다. 이때 독립변수는 두 개로서 교수법과 송환 여부가 된다.

 ## 1. 기본 가정

 이원분산분석은 일원분산분석에서 설명한 분산분석의 기본 원리와 동일하며, 종속변수에 대한 모집단 분포가 정규분포이어야 하고 집단간의 모집단 분산이 같아야 하는 등분산 가정을 충족시켜야 한다.

2. 이원분산 교차설계

1) 사용 목적

 교차설계(Crossed Design)는 두 독립변수와 그 상호작용 효과를 알아보기 위한 설계다. 상호작용 효과는 종속변수에 대한 독립변수들의 결합효과로서 종속변수에 대한 한 독립변수의 효과가 다른 독립변수의 각 수준에서 동일하지 않다는 것을 의미한다.

2) 기본 원리

교차설계는 일반적으로 독립변수가 처치변수일 경우 두 처치가 상호작용으로 일으키는 효과를 분석하기 위하여 사용한다. 예를 들어, 수면시간에 영향을 주는 약의 효과와 알코올의 효과를 연구할 때 약과 알코올이 상호작용하는 효과를 알아보기 위하여 교차설계를 사용한다.

이원분산분석의 **교차설계**에서 개인점수는 다음과 같은 **선형모형**으로 구성된다.

$$Y_{ijk} = \mu + \alpha_j + \beta_k + r_{jk} + \epsilon_{ijk}$$

Y_{ijk} : j집단과 k집단에 있는 개인 i의 점수
μ : 전체 평균
α_j : 처치 A의 효과
β_k : 처치 B의 효과
γ_{jk} : 처치 AB의 상호작용 효과
ϵ_{ijk} : 오차

이 선형모형에 의한 **총편차제곱합의 구성**은 다음과 같다.

$$SS_T = SS_A + SS_B + SS_{AB} + SS_{오차}$$

SS_A 부분이 크면 A 처치효과, SS_B 부분이 크면 B 처치효과, SS_{AB} 부분이 크면 상호작용 효과가 큼을 알 수 있다.

3) 분석 실행

┌─────── 예 제 ───────┐

교수법과 송환 여부에 따라 외국어에 대한 학습태도에 차이가 있는지 알아보기 위하여 강의식, 멀티미디어식, 조별토론식에 의한 교수법으로 구분하고 각 교수법에서 송환을 하는 조건과 하지 않는 조건으로 구분하여 중학교 2학년 학생들을 대상으로 각 실험조건하에서 한 학기 동안 수업을 진행하였다. 교수법과 송환 여부 각각에 따라 외국어에 대한 학습태도에 차이가 있는가? 또한 교수법과 송환 여부의 상호작용 효과가 있는가?

└──────────────────────┘

(1) ANOVA 대화상자 열기

```
Analyses  ▷  ANOVA  ▷  ANOVA
```

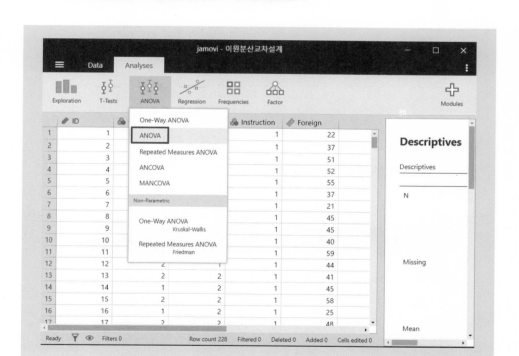

(2) 옵션 지정하기

왼쪽 상자 안에 나열된 변수들 중에서 종속변수와 두 개의 독립변수를 선택한다. 종속변수(Dependent Variable)로 외국어 학습태도를 선택하고, 독립변수에 해당하는 고정요인(Fixed Factors)에 송환 여부와 교수법을 선택한다. 효과크기 추정을 위하여 η^2에 체크한다.

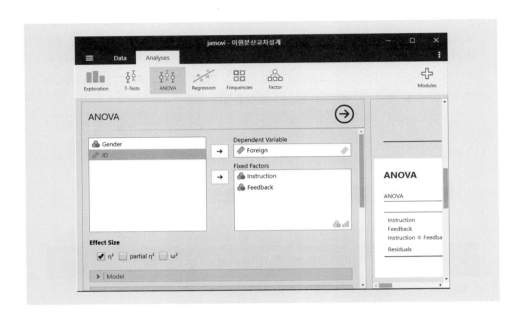

Model 메뉴를 열면 'Instruction'과 'Feedback'의 주효과와 'Instruction*Feedback'의 상호작용효과가 Model Terms에 추가되어 있음을 확인할 수 있다.

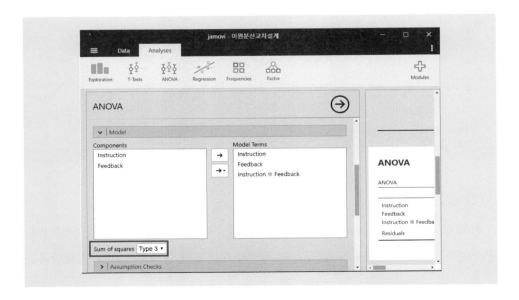

제곱합(Sum of squares): 모형에 대한 한 가지 유형의 제곱합을 선택할 수 있다(기본설정값: Type3).

▌Type1▐ 임의의 1차 상호작용 효과 이전에 주 효과가 지정되고, 2차 상호작용 효과 이전에 1차 상호작용 효과가 지정되는 등의 균형분산분석모형이다.

▌Type2▐ 다른 모든 적합한 효과에 맞게 수정된 모형 내 효과의 제곱합을 계산. 균형분산분석모형, 주요인 효과만 있는 모형, 모든 회귀모형이다.

▌Type3▐ 설계 내의 한 효과의 제곱합을 계산할 때 이 효과를 포함하지 않는 다른 효과에 맞게 수정되며, 이 효과를 포함하는 효과(있는 경우)에 직교하는 제곱합 방법을 사용한다. 결측 셀이 없는 비균형모형에 유용하다.

▌Type4▐ 결측 셀이 있는 모든 균형모형이나 비균형 모형에 사용된다.

기본설정값인 Type3 제곱합을 유지한다.

Assumption Checks를 열어 등분산 가정 검정과 잔차의 정규성 검정을 위한 Homogeneity tests, Q-Q plot of residuals에 체크한다.

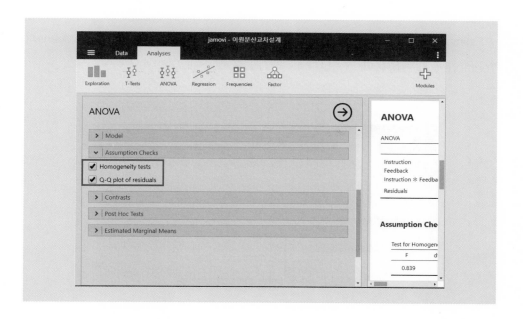

Post Hoc Tests에서 주효과와 상호작용효과를 모두 오른쪽으로 옮긴다.
Correction에서 Scheffe를 체크한다.

    Estimated Marginal Means에서 'Instruction'과 'Feedback'을 Marginal Means의
Term1 안에 모두 넣는다.

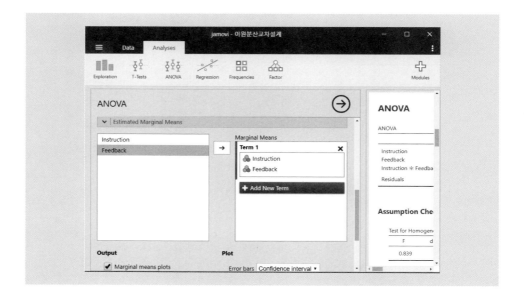

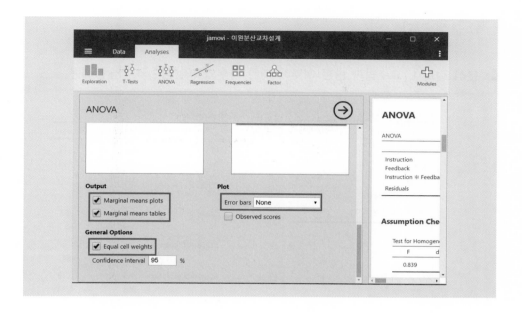

변수창 아래 Output의 Marginal means plots와 General Option의 Equal Cell weights에 기본값으로 선택이 되어 있으므로 이를 유지하고 Marginal means tables 에 체크한다. Plot의 Error bar는 None으로 지정한다.

4) 분석 결과

분석 결과 1. 교수법과 송환 여부에 따른 사후외국어 점수의 기술통계량

Descriptives

	Foreign
N	228
Missing	0
Mean	41.2
Std. error mean	0.641
Standard deviation	9.68

Descriptives

	Feedback	Foreign
N	No	114
	Yes	114
Missing	No	0
	Yes	0
Mean	No	36.7
	Yes	45.7
Std. error mean	No	0.767
	Yes	0.841
Standard deviation	No	8.19
	Yes	8.98

Descriptives

	Instruction	Feedback	Foreign
N	Lecture	No	38
		Yes	38
	Multimedia	No	37
		Yes	39
	Discussion	No	39
		Yes	37
Missing	Lecture	No	0
		Yes	0
	Multimedia	No	0
		Yes	0
	Discussion	No	0
		Yes	0
Mean	Lecture	No	35.6
		Yes	39.9
	Multimedia	No	34.8
		Yes	49.4
	Discussion	No	39.5
		Yes	47.6
Std. error mean	Lecture	No	1.40
		Yes	1.56
	Multimedia	No	1.32
		Yes	1.10
	Discussion	No	1.17
		Yes	1.21
Standard deviation	Lecture	No	8.64
		Yes	9.64
	Multimedia	No	8.00
		Yes	6.87
	Discussion	No	7.30
		Yes	7.36

Descriptives

	Instruction	Foreign
N	Lecture	76
	Multimedia	76
	Discussion	76
Missing	Lecture	0
	Multimedia	0
	Discussion	0
Mean	Lecture	37.8
	Multimedia	42.3
	Discussion	43.4
Std. error mean	Lecture	1.07
	Multimedia	1.20
	Discussion	0.955
Standard deviation	Lecture	9.34
	Multimedia	10.4
	Discussion	8.33

:- 분석 결과 2. 오차 분산의 동일성 검정

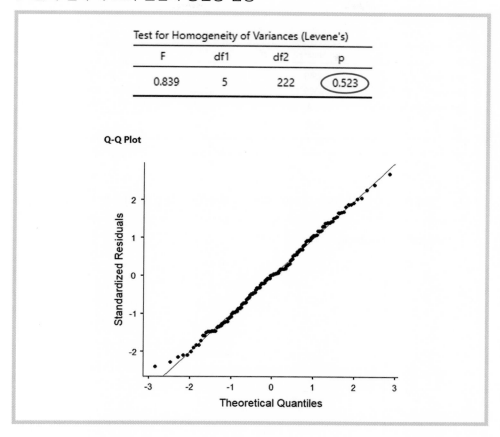

Levene의 등분산 가정 검정결과, 유의확률은 .523으로 영가설을 기각하지 못하므로 세 집단의 분산은 같다고 볼 수 있다.

▪▫ 분석 결과 3. 교수법과 송환 여부에 따른 사후외국어 학습태도 점수의 분산분석 결과

ANOVA

	Sum of Squares	df	Mean Square	F	p	η²
Instruction	1369	2	684.4	10.65	< .001	0.064
Feedback	4605	1	4604.6	71.63	< .001	0.216
Instruction ✳ Feedback	1036	2	517.8	8.05	< .001	0.049
Residuals	14271	222	64.3			

▪▫ 분석 결과 4. 교수법과 송환 여부에 따른 사후외국어 점수의 선도표(상호작용의 확인)

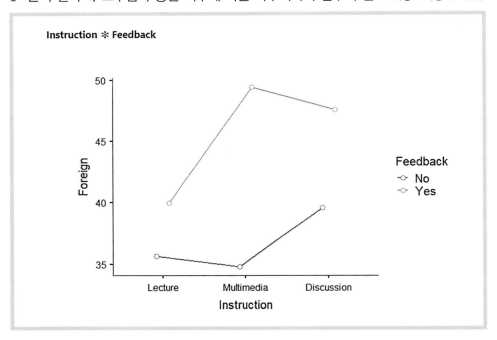

5) 분석 결과 보고

강의식 교수법, 멀티미디어 교수법, 조별토론식 교수법으로 수업받은 학생들, 그리고 송환을 받지 않은 학생들과 받은 학생들의 사례 수와 외국어에 대한 학습태도의 평균, 표준편차는 〈표 11-1〉과 같다.

〈표 11-1〉 교수법과 송환 여부에 따른 외국어 학습태도에 대한 기술통계

		강의식	멀티미디어	조별토론식	합계
송환 안 함	평균	35.6	34.8	39.5	36.7
	표준편차	8.64	8.00	7.30	8.19
	사례 수	38	37	39	114
송환함	평균	39.9	49.4	47.6	45.7
	표준편차	9.64	6.87	7.36	8.98
	사례 수	38	39	37	114
합 계	평균	37.8	42.3	43.4	41.2
	표준편차	9.34	10.4	8.33	9.68
	사례 수	76	76	76	228

　강의식 교수법에 의한 외국어 학습태도의 평균과 표준편차는 37.8, 9.34이고, 멀티미디어 교수법에 의한 외국어 학습태도의 평균과 표준편차는 42.3, 10.4이며, 조별토론식 교수법에 의한 외국어 학습태도의 평균과 표준편차는 43.4, 8.33이다. 한편, 송환을 받지 않은 학생들의 평균과 표준편차는 36.7, 8.19이며, 송환을 받은 학생들의 평균과 표준편차는 45.7, 8.98이다. 외국어 학습태도가 가장 높은 집단은 멀티미디어 방식으로 수업을 받으면서 송환을 제공받은 학생들로 이들의 평균은 49.4, 표준편차는 6.87이다. 반면, 외국어 학습태도가 가장 낮은 집단은 멀티미디어 방식으로 수업을 받으면서 송환을 제공받지 않은 학생들로 평균과 표준편차는 34.8, 8.00이다.

　교수법의 효과, 송환 여부의 효과 및 교수법과 송환 여부의 상호작용 효과에 대한 분산분석 결과는 〈표 11-2〉와 같다.

〈표 11-2〉 교수법과 송환 여부에 따른 외국어 학습태도에 대한 분산분석 결과

분산원	제곱합	자유도	평균제곱	F	유의확률
교수법	1369	2	684.4	10.65	<.001
송환 여부	4605	1	4604.6	71.63	<.001
교수법 × 송환 여부	1036	2	517.8	8.05	<.001
오 차	14271	222	64.3		
합 계	21281	227			

외국어 학습태도에 대한 교수법의 효과를 분석한 결과, F 통계값이 10.65로 유의수준 .05에서 교수법에 따라 외국어에 대한 학습태도에 차이가 있는 것으로 나타났다. 송환 여부가 외국어 학습태도에 영향을 주는지에 대한 검정결과 F 통계값이 71.63으로 유의수준 .05에서 송환을 준 집단과 주지 않은 집단 간에 유의한 차이가 있는 것으로 분석되었다. 한편, 교수법과 송환 여부 간의 상호작용에 대한 F 통계값은 8.05로 유의수준 .05에서 외국어 학습태도에 대한 상호작용 효과가 유의한 것으로 나타났다.

상호작용의 효과를 구체적으로 나타내기 위한 그래프는 [그림 11-1]과 같다.

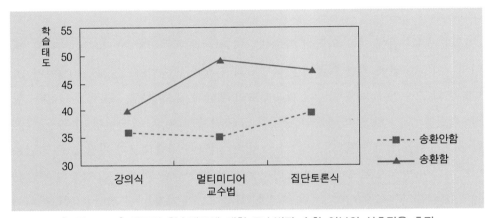

[그림 11-1] 외국어 학습태도에 대한 교수법과 송환 여부의 상호작용 효과

모든 교수법에서 송환을 받은 집단이 송환을 받지 않은 집단보다 높은 학습태도를 나타내고 있지만 멀티미디어 방법을 적용하였을 때가 다른 교수법을 적용하였을 때보다 송환의 효과가 더 크게 나타나고 있음을 알 수 있다.

송환하지 않은 경우 멀티미디어 방법은 강의식과 집단토론식 방법에 비해 큰 효과가 없었음을 알 수 있는 반면, 송환을 한 경우에는 멀티미디어 방법이 가장 효과가 크다는 것을 알 수 있다.

3. 이원분산 교차설계의 사후비교분석

1) 사용 목적

이원분산 교차설계에 의한 분산분석을 실행한 결과 집단간에 차이가 있는 것으로 나타났다면 이러한 차이가 어떤 집단간의 차이에 기인하는 것인지 알아보고자 할 때 **사후비교분석**을 수행한다.

2) 기본 원리

기본 원리는 일원분산분석에서의 사후비교분석의 원리와 동일하다. 다만, 독립변수가 두 개이므로 다른 변수의 수준에 따라 대비를 비교할 수 있다. 교수법과 송환 효과에 대한 연구에서도 송환의 수준이 두 개이므로 대비를 만들 필요가 없으나, 만약 수준이 세 개 이상이라면 여러 개의 단순비교와 복합비교를 할 수 있다. 그러나 jamovi에서는 단순비교만 가능하다.

3) 분석 실행

Post Hoc Tests 메뉴에서 주효과인 교수법을 오른쪽으로 옮긴다.
Correction에서 Scheffe를 체크한다.

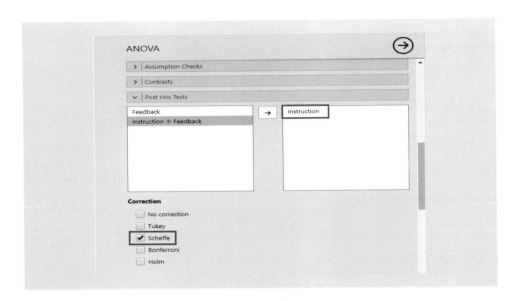

Estimated Marginal Means를 열고 Term1에 'Instruction'을 옮긴다. 그리고 Output에 서 Marginal means plots, General Options의 Equal cell weights가 기본값으로 설정되어 있다. Marginal means tables에 체크하고 Plot의 Error bars는 None으로 설정한다.

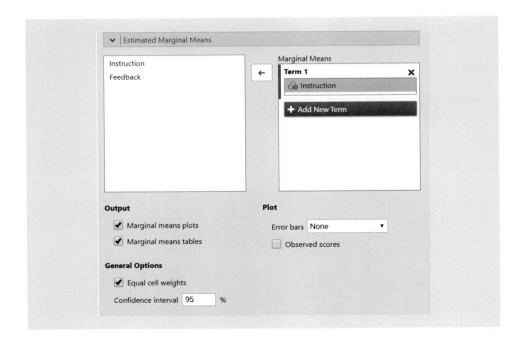

4) 분석 결과

■ 분석 결과 1. 교차설계의 사후비교분석(Scheffé)

Post Hoc Comparisons - Instruction

Instruction		Instruction	Mean Difference	SE	df	t	$p_{scheffe}$
Lecture	-	Multimedia	−4.33	1.30	222	−3.33	0.004
	-	Discussion	−5.76	1.30	222	−4.43	< .001
Multimedia	-	Discussion	−1.43	1.30	222	−1.10	0.548

■ 분석 결과 2. 교수법에 대한 주변평균

Estimated Marginal Means - Instruction

Instruction	Mean	SE	95% Confidence Interval	
			Lower	Upper
Lecture	37.8	0.920	36.0	39.6
Multimedia	42.1	0.920	40.3	43.9
Discussion	43.6	0.920	41.7	45.4

■ 분석 결과 3. 그래프

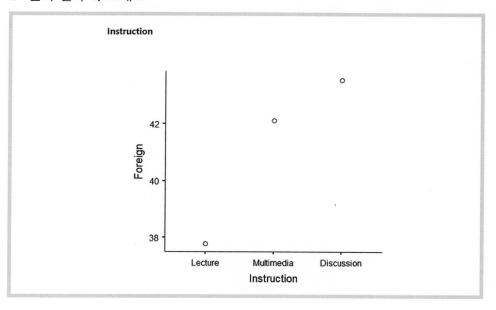

5) 분석 결과 보고

교수법에 따른 사후외국어 점수의 사후비교분석을 실시한 결과는 〈표 11-3〉과
같다.

〈표 11-3〉 교수법에 따른 사후외국어 점수의 사후비교분석

교수법			평균차	표준오차	유의확률
강의식	vs	멀티미디어	−4.33	1.30	.004
강의식	vs	조별토론식	−5.76	1.30	<.001
멀티미디어	vs	조별토론식	−1.43	1.30	.548

교수법에 따른 사후외국어 점수의 사후비교분석 결과, 유의수준 .05에서 강의식
교수법과 멀티미디어 교수법에 의한 사후외국어 점수의 평균차는 −4.33이고 유의
확률은 .004, 강의식 교수법과 조별토론식 교수법에 의한 사후외국어 점수의 평균
차는 −5.76이고 유의확률은 <.001, 멀티미디어 교수법과 조별토론식 교수법에 의
한 사후외국어 점수의 평균차는 −1.43이고 유의확률은 .548이다. 따라서 유의수준
.05에서 유의한 차이가 있는 교수법은 강의식과 멀티미디어, 강의식과 조별토론식
이다.

제12장 반복설계

처치변수의 효과를 알고자 하는 연구에서 연구대상의 특성과 관련된 매개변수가 많을 경우에 이러한 매개변수는 실험설계로 통제하기가 불가능하다. 이런 경우 동일 연구대상에게 각기 다른 처치를 반복적으로 가한 후 처치효과를 알아보기 위한 분석방법으로 반복설계를 사용한다.

1. 기본 가정

반복설계에 의한 분산분석을 적용하기 위해서는 다음과 같은 **가정**을 충족하여야 한다.

- 먼저 이루어진 처치가 다음의 처치에 영향을 주지 않아야 한다.
- 실험조건들 사이의 공분산의 크기가 모집단에서 모두 동일하여야 한다(합동대칭성 가정 또는 구형성 가정).

2. 반복설계

1) 사용 목적

반복설계(repeated design)는 동일한 연구대상에게 다른 처치를 반복적으로 가하여 그 처치 간에 차이가 있는지를 검정하는 설계방법이다. 반복설계에서는 모든 실험조건에 할당되는 피험자들이 동일하므로 개인차에 따른 오차를 완벽히 통제할 수 있으므로 통제해야 할 매개변수가 많을 경우에 적합하다. 그러나 반복설계의 경우 사전 처치가 주는 잔존효과와 기억효과가 있기 때문에 학습과 관련된 연구에서는 사용하기 어렵다. 체육학이나 약학의 경우 처치를 통하여 나타난 효과가 제거되고 난 후 다른 처치를 가하여 처치의 효과를 분석할 수 있으므로 자주 사용한다. 반복설계에 의한 분석은 연습효과나 순서효과 및 이월효과 등에 의해 결과가 왜곡될 수 있으므로 그 영향을 최소화할 수 있는 방법을 고려해야 한다. 각 피험자마다 참여하는 실험조건의 순서를 다르게 해 주는 교차균형화(cross-balancing)의 방법을 사용하거나 처치 간에 충분한 시간 간격을 주는 등의 방법을 사용하면 이러한 영향을 어느 정도 통제할 수 있다.

2) 기본 원리

음주량에 따른 반응속도를 연구하고자 할 때 다양한 변수를 통제하여야 한다. 예를 들어, 성별, 주량, 건강, 알코올 분해능력, 민첩성 등 많은 변수가 있다. 이럴 경우 반복설계에 의한 분산분석을 사용하여 음주량이 반응속도에 미치는 영향을 분석할 수 있다. 이때 사전음주에 의한 영향이 완전히 제거되고 난 후 다른 처치가 가해져야 한다.

피험자	처치 요인(음주량)			
	처치1(100cc)	처치2(500cc)	처치3(1000cc)	처치4(2000cc)
1				
2				
3				
4				
5				
평균				

앞의 예는 반복 요인이 하나인 일요인 **반복설계**다. 이 경우의 분산분석모형에서 개인점수의 **선형모형**은 다음과 같이 나타낼 수 있다.

$$Y_{ij} = \mu + \alpha_j + S_i + \epsilon_{ij}$$

α_j : 처치 j의 효과
S_i : 피험자 i의 효과
ϵ_{ij} : 오차

제11장에서 설명한 편차제곱합의 원리와 같이 점수 Y_{ij}는 전체평균과 처치효과, 개인의 특성 효과, 그리고 오차로 구성되어 있다. 처치 요인의 효과를 검정하기 위한 제곱합은 다음과 같이 분할된다.

$$SS_{전체} = SS_{피험자간} + SS_{피험자내}$$
$$SS_{피험자내} = SS_{처치} + SS_{오차}$$
$$SS_{전체} = SS_{피험자간} + SS_{처치} + SS_{오차}$$

전체 편차제곱합의 구성 요소로서 처치에 의한 편차제곱합의 부분이 크면 처치효과가 있다고 할 수 있다. 여기서 $SS_{피험자간}$은 개인에 의한 편차이므로 이 부분이 통제되어 제거되어야 순수하게 처치효과를 분석할 수 있게 된다.

3) 분석 실행

예 제

최첨단 소재를 사용한 신제품 운동화와 기존 제품 및 타사 제품의 운동화에 대한 소비자들의 선호도를 비교하기 위하여 228명의 소비자를 선정하여 신제품, 기존 제품, 타사 제품의 운동화를 한 달 간격으로 착용해 보도록 하고, 각 제품에 대한 선호도를 측정하였다. 세 가지 운동화에 대한 소비자들의 선호도에 차이가 있는가?

(1) 기술통계 대화상자 열기

Analyses ▷ Exploration ▷ Descriptives

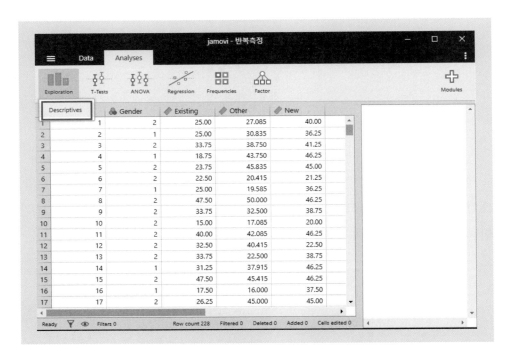

(2) 옵션 지정하기

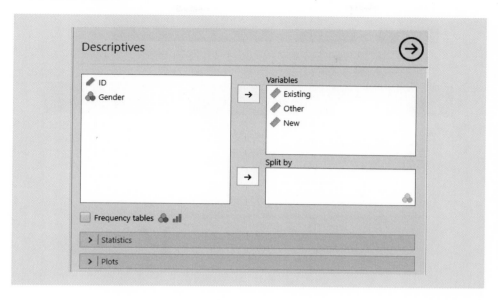

변수들을 오른쪽 Variables에 옮기고 Statistics를 열어 N, Missing, Mean, Std. deviation, S. E. Mean에 체크한다.

(3) 반복측정 대화상자 열기

Analyses ▷ ANOVA ▷ Repeated Measures ANOVA

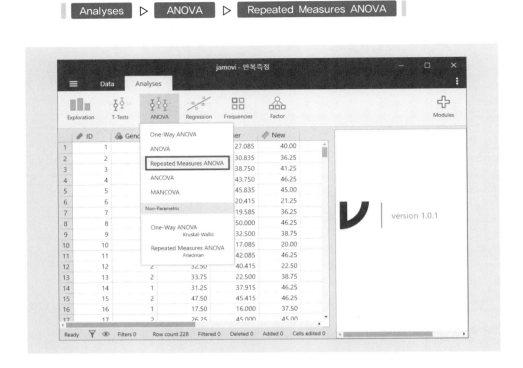

(4) 옵션 지정하기

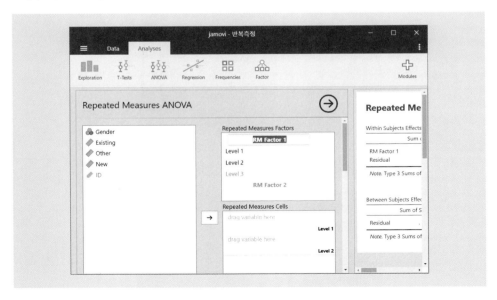

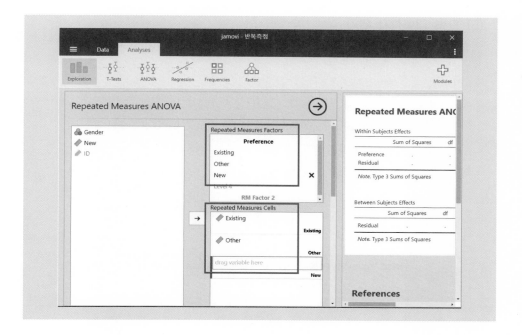

　오른쪽의 Repeated Measures Factors 대화상자에서 RM Factor 1에 요인명을 직접 입력한다. 'Preference'를 입력하고, Level 1, Level 2, Level 3에 'Existing', 'Other', 'New' 등의 수준명을 입력한다. 그러고 나면 아래 Repeated Measures Cells에서도 역시 Level 1, Level 2, Level 3가 입력한 것과 동일하게 Existing, Other, New로 변경된다. 옅은 글씨로 drag variable here라고 되어 있는 칸에 'Existing', 'Other', 'New'의 변수를 끌어 옮기거나 화살표를 이용하여 각각 옮긴다.

(5) 모형 대화상자 열기

메뉴에서 Model을 클릭한다.

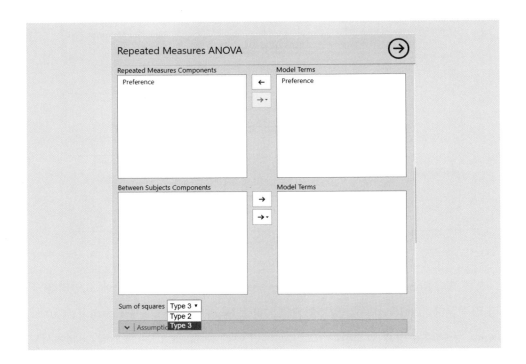

　Model을 열면 Model Terms에 반복측정요소인 'Preference'가 들어가 있음을 확인할 수 있다.

　왼쪽 하단의 Sum of Squares에서는 2유형과 3유형의 제곱합 계산을 선택할 수 있는데 jamovi의 기본값은 제3유형(Type 3)이다. 모든 변수를 동시에 계산하는 기본값인 제3유형을 유지한다.

(6) 가정점검하기

메뉴에서 Assumption Checks를 클릭한다.

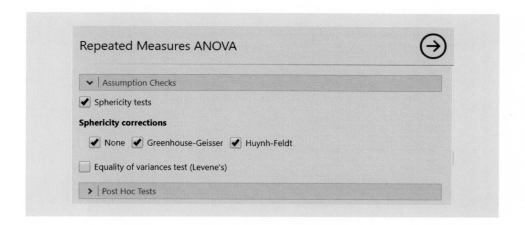

Assumption Checks를 열어 구형성 가정 검정인 Sphericity tests에 체크하고 구형성 가정을 만족하지 못했을 경우 교정값을 제공하는 Sphericity Corrections의 세 가지 옵션 None, Greenhouse-Geisser, Huynh-Feldt에 모두 체크한다. 여기서 None은 SPSS에서의 'Mauchly's W'값과 같다.

(7) 사후대비분석

메뉴에서 Post Hoc Tests를 클릭한다.

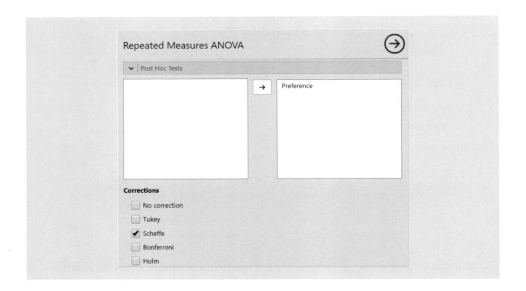

Post Hoc Tests를 열어 오른쪽 변수창에 'Preference'를 옮기고 Corrections는 Scheffe를 선택한다.

(8) 추정된 주변평균

메뉴에서 Estimated Marginal Means를 클릭한다.

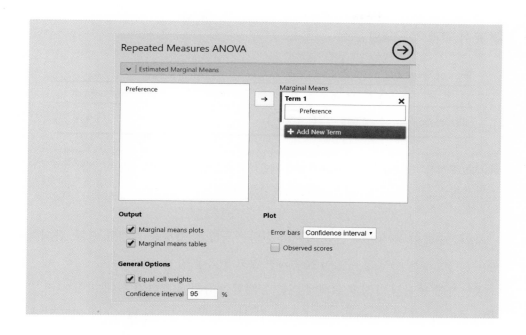

Estimated Marginal Means를 열어 'Prefernce'를 Marginal Means의 Term1에 넣고 Output에서 Marginal means plots과 Marginal means tables에 체크한다. Plot의 Error bars는 기본값인 Confidence interval을 유지하고 General Options는 Equal cell weights에 체크한다.

4) 분석 결과

:• 분석 결과 1. 기술통계량

Descriptives

	Existing	Other	New
N	228	228	228
Missing	0	0	0
Mean	31.9	33.0	35.4
Std. error mean	0.667	0.571	0.544
Standard deviation	10.1	8.63	8.21

:■ 분석 결과 2. 구형성 검정

Tests of Sphericity				
	Mauchly's W	p	Greenhouse-Geisser ε	Huynh-Feldt ε
Preference	0.949	0.003	0.951	0.959

※ 참고: **구형성** 가정은 Huynh-Feldt에 의해 제안된 가정으로, 반복측정과 반복측도에서 실험조건별 종속측정값 차이의 분산들이 동일하여야 함을 의미한다.

차이점수들이 동일한 분산을 가져야 한다는 구형성 가정을 검정한 결과, 유의확률이 .003으로써 구형성 가정이 충족되지 않고 있음을 알 수 있다.

공분산의 동질성 가정의 위배에 의한 통계적 오류를 교정하기 위해 여러 가지 방법이 제안되었는데, Greenhouse-Geisser가 제안한 방법이 가장 많이 사용되고 있다.

:■ 분석 결과 3. 개체-내 효과 검정

Within Subjects Effects						
	Sphericity Correction	Sum of Squares	df	Mean Square	F	p
Preference	None	1505	2	752.5	28.5	< .001
	Greenhouse-Geisser	1505	1.90	791.0	28.5	< .001
	Huynh-Feldt	1505	1.92	784.6	28.5	< .001
Residual	None	11970	454	26.4		
	Greenhouse-Geisser	11970	431.86	27.7		
	Huynh-Feldt	11970	435.41	27.5		

Note. Type 3 Sums of Squares

앞에서 구형성 가정이 충족되지 않았으므로, Greenhouse-Geisser(또는 Huynh-Feldt)에 기초한 F통계값과 유의확률로 분석 결과를 해석한다. 구형성 가정이 충족되면 자유도가 정수인 부분을 보고하고 해석하여야 한다.

ᵉ• 분석 결과 4. 개체-간 효과 검정

Between Subjects Effects

	Sum of Squares	df	Mean Square	F	p
Residual	43224	227	190		

Note. Type 3 Sums of Squares

ᵉ• 분석 결과 5. 사후대비분석

Post Hoc Comparisons - Preference

Comparison						
Preference	Preference	Mean Difference	SE	df	t	$p_{scheffe}$
Existing	- Other	−1.08	0.481	454	−2.24	0.082
	- New	−3.54	0.481	454	−7.37	< .001
Other	- New	−2.47	0.481	454	−5.13	< .001

∴ 분석 결과 6. 추정된 주변평균

Estimated Marginal Means - Preference

Preference	Mean	SE	95% Confidence Interval	
			Lower	Upper
Existing	31.9	0.596	30.7	33.1
Other	33.0	0.596	31.8	34.1
New	35.4	0.596	34.3	36.6

Preference

5) 분석 결과 보고

기존 제품, 타사 제품, 신제품 운동화에 대한 선호도의 기술통계는 〈표 12-1〉과 같다.

〈표 12-1〉기존 제품, 타사 제품, 신제품 운동화에 대한 기술통계(n=228)

	기존 제품	타사 제품	신제품
평균	31.9	33.0	35.4
표준편차	10.1	8.63	8.21

228명이 운동화를 착용한 후 제품에 대한 만족도를 분석한 결과 기존 제품에 대한 평균은 31.9이고 표준편차는 10.1, 타사 제품에 대한 선호도의 평균은 33이고 표준편차는 8.63이며, 최첨단 소재를 사용한 신제품에 대한 선호도의 평균은 35.4, 표준편차는 8.21이다.

제품에 대한 소비자의 선호도 차이를 알아보기 위하여 반복설계에 의한 분산분석을 실시한 결과는 〈표 12-2〉와 같다.

〈표 12-2〉제품 선호도에 대한 반복측정 분산분석 결과

분산원	제곱합	자유도	평균제곱	F	유의확률
소비자 간	43224	227	190		
소비자 내	13475	456			
제품	1505	1.90	791.0	28.5	<.001
오차	11970	431.86	27.7		
전체	56699	683			

소비자 내에서 각 회사의 제품에 대한 선호도의 차이에 대한 통계적 유의성 검정 결과, F 통계값은 28.5, 유의확률은 <.001로서 유의수준 .05에서 각 제품에 대한 선호도에 차이가 있는 것으로 분석되었다.

3. 분할구획요인설계

1) 사용 목적

분할구획요인설계(split plot factorial design)는 피험자 간 요인과 피험자 내 요인이 통합되어 있는 혼합설계로서 독립변수 중 구획변수가 하나 이상 포함되어 있는 반복설계의 일종이다. 이러한 설계는 농학 분야에서 분할구획(split plot)이라는 용어로 처음 소개되었으며, 현재는 다양한 분야에서 광범위하게 적용되고 있다.

2) 기본 원리

앞서 제시한 음주량에 따른 반응속도의 예에서 성별을 고려하여 연구하고자 할 때 분할구획요인설계를 사용할 수 있다.

성별을 구획변수로 사용하는 것은 성별에 따른 음주량에 대한 반응속도가 다르게 나타난다고 가정한다. 만약, 성별에 따라 음주량에 의한 반응 형태나 속도 등에 차이가 없다면 성별은 구획변수로 타당하지 않다.

요인 B (성별)	피험자	요인 A (음주량)			
		100cc	500cc	1000cc	2000cc
남자	1				
	2				
	3				
	4				
	5				
여자	1				
	2				
	3				
	4				
	5				

이 경우의 **분산분석**의 **선형모형**은 다음과 같이 나타낼 수 있다.

$$Y_{ijk} = \mu + \alpha_j + \gamma_{jk} + \beta_k + S_{(i)k} + \epsilon_{ijk}$$

α_j : 요인 A의 효과
γ_{jk} : 요인 A와 B의 상호작용 효과
β_k : 요인 B의 효과
$S_{(i)k}$: 피험자 효과
ϵ_{ijk} : 오차

이 모형에서 **분산분석**을 위한 **제곱합**은 다음과 같이 분할된다.

$$SS_{전체} = SS_{피험자간} + SS_{피험자내}$$
$$SS_{피험자간} = SS_B + SS_{피험자(B)}$$
$$SS_{피험자내} = SS_A + SS_{AB} + SS_{오차}$$

3) 분석 실행

┤ 예 제 ├

최첨단 소재를 사용한 신제품 운동화와 기존 제품 및 타사 제품의 운동화에 대한 소비자의
선호도를 비교하기 위하여 228명의 소비자를 선정하여 신제품, 기존 제품, 타사 제품의
운동화를 한 달 간격으로 착용해 보도록 하고, 각 제품에 대한 선호도를 측정하였다. 성별에
따라 세 가지 운동화에 대한 선호도에 차이가 있는가?

(1) 기술통계 분석

Analyses ▷ Exploration ▷ Descriptives

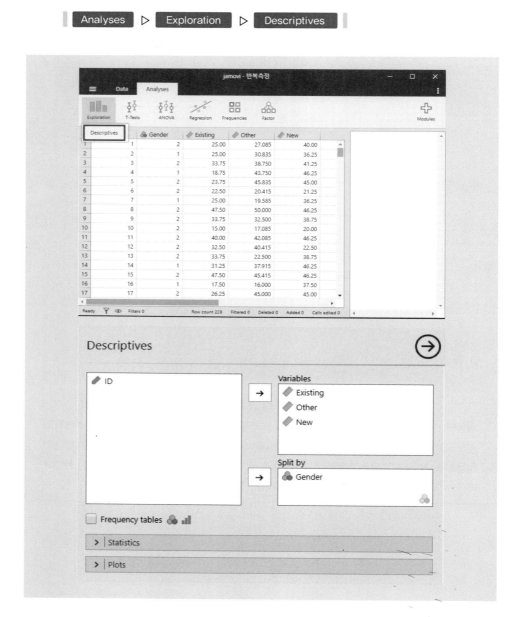

변수들을 오른쪽 Variables에 옮기고 Statistics를 열어 N, Missing, Mean, Std. deviation, S. E. Mean에 체크한다.

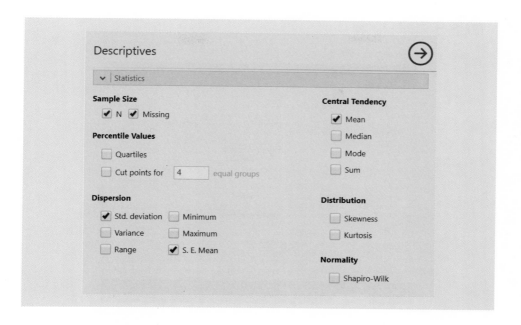

(2) 반복측정 대화상자 열기

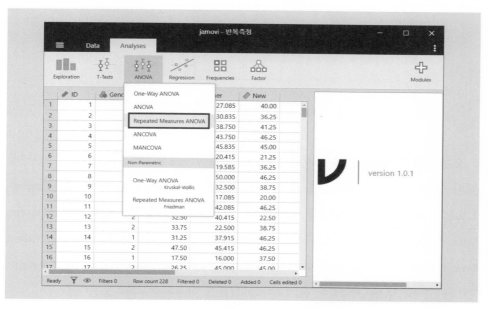

(3) 옵션 지정하기

오른쪽의 Repeated Measures Factors 대화상자에서 RM Factor 1에 요인명을
직접 입력한다. 'Preference'를 입력하고, Level 1, Level 2, Level 3에 'Existing',
'Other', 'New' 등의 수준명을 입력한다. 그러고 나면 아래 Repeated Measures
Cells에서도 역시 Level 1, Level 2, Level 3에 입력한 것과 동일하게 Existing, Other,
New로 변경된다. 옅은 글씨로 drag variable here라고 되어 있는 칸에 'Existing',
'Other', 'New'의 변수를 끌어 옮기거나 화살표를 이용하여 각각 옮긴다.

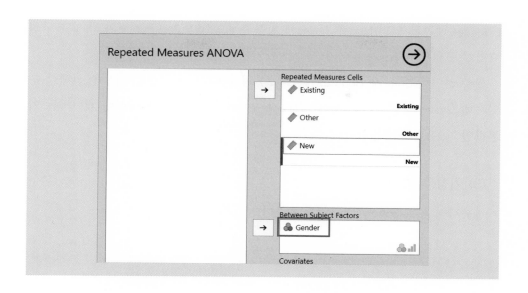

성별을 구획으로 지정한 분할구획 요인설계이므로 Between Subject Factors에 'Gender'를 옮긴다.

(4) 모형 대화상자 열기

메뉴에서 Model을 누른다.

Model 메뉴를 열면 Model Terms에 반복측정요소인 'Preference'와 개체간 구성요소인 구획 'Gender'가 들어가 있음을 확인할 수 있다.

왼쪽 하단의 Sum of Squares에서는 2유형과 3유형의 제곱합 계산을 선택할 수 있는데 jamovi의 기본값은 제3유형(Type 3)이다. 모든 변수를 동시에 계산하는 기본값인 제3유형을 유지한다.

(5) 가정점검하기

메뉴에서 Assumption Checks를 누른다.

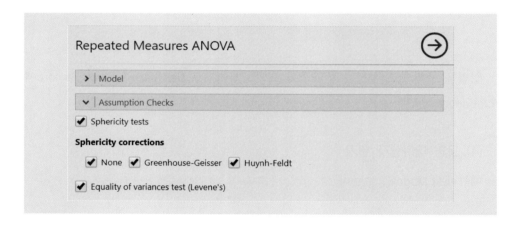

Assumption Checks를 열어 구형성 가정 검정인 Sphericity tests에 체크하고 구형성 가정을 만족하지 못했을 경우 교정값을 제공하는 Sphericity corrections의 세 가지 옵션 None, Greenhouse-Geisser, Huynh-Feldt에 모두 체크한다. 여기서 None은 SPSS에서의 'Mauchly's W'값과 같다. Levene의 등분산 가정 검정도 체크한다.

(6) 사후대비분석

메뉴에서 Post Hoc Tests를 누른다.

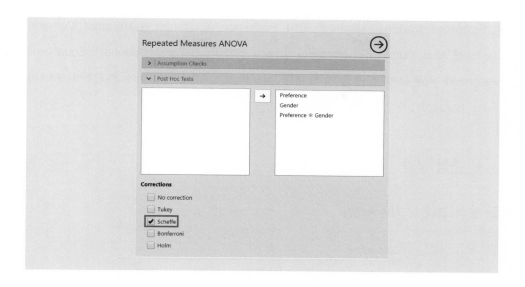

Post Hoc Tests를 열어 오른쪽 변수창에 'Preference', 'Gender', 'Preference*Gender'를 옮기고 Corrections는 Scheffe를 선택한다.

(7) 추정된 주변평균

메뉴에서 Estimated Marginal Means를 누른다.

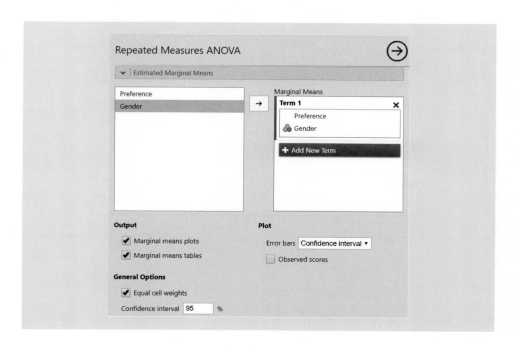

Estimated Marginal Means를 열어 'Prefernce'와 'Gender'를 Marginal Means의 Term1에 넣고 Output에서 Marginal means plots와 General Options는 Equal cell weights가 기본값이며 이를 유지한다. Marginal means tables에 체크하고 Plot의 Error bars는 기본값인 Confidence interval을 유지한다.

4) 분석 결과

▌▪ 분석 결과 1. 기술통계량

Descriptives

	Existing	Other	New
N	228	228	228
Missing	0	0	0
Mean	31.9	33.0	35.4
Std. error mean	0.667	0.571	0.544
Standard deviation	10.1	8.63	8.21

Descriptives

	Gender	Existing	Other	New
N	Male	105	105	105
	Female	123	123	123
Missing	Male	0	0	0
	Female	0	0	0
Mean	Male	30.9	32.0	35.2
	Female	32.7	33.8	35.6
Std. error mean	Male	1.01	0.859	0.751
	Female	0.886	0.760	0.780
Standard deviation	Male	10.3	8.80	7.70
	Female	9.82	8.43	8.65

▪ 분석 결과 2. 오차분산의 동일성 검정

Equality of variances test (Levene's)	F	df1	df2	p
Existing	0.7586	1	226	0.385
Other	0.0491	1	226	0.825
New	1.9551	1	226	0.163

Levene의 등분산 가정 검정결과, 기존 제품, 타사 제품, 신제품에 대한 선호도에 대한 오차분산은 영가설을 기각하지 못하므로 성별에 따라 각 제품에 대한 선호도의 오차분산은 동일하다.

▪ 분석 결과 3. 구형성 검정

Tests of Sphericity	Mauchly's W	p	Greenhouse-Geisser ε	Huynh-Feldt ε
Preference	0.946	0.002	0.948	0.956

유의확률이 .002로서 .05보다 작으므로 구형성 가정을 충족하지 못하며 Greenhouse-Geisser, 혹은 Huynh-Feldt 분석 결과를 보아야 한다. 구형성 가정이 충족되면 자유도가 정수인 부분을 보고한다.

:- 분석 결과 4. 개체-내 효과 검정

Within Subjects Effects						
	Sphericity Correction	Sum of Squares	df	Mean Square	F	p
Preference	None	1543.3	2	771.6	29.30	< .001
	Greenhouse-Geisser	1543.3	1.90	813.6	29.30	< .001
	Huynh-Feldt	1543.3	1.91	806.9	29.30	< .001
Preference ✻ Gender	None	64.9	2	32.4	1.23	0.293
	Greenhouse-Geisser	64.9	1.90	34.2	1.23	0.292
	Huynh-Feldt	64.9	1.91	33.9	1.23	0.292
Residual	None	11904.9	452	26.3		
	Greenhouse-Geisser	11904.9	428.71	27.8		
	Huynh-Feldt	11904.9	432.23	27.5		

Note. Type 3 Sums of Squares

:- 분석 결과 5. 개체-간 효과 검정

Between Subjects Effects				
	Sum of Squares	df	Mean Square	F	p
Gender	291	1	291	1.53	0.217
Residual	42933	226	190		

Note. Type 3 Sums of Squares

성별을 구획변수로 하여 제품에 대한 만족도에 차이가 있는지 유의수준 .05에서 살펴보면 유의확률 .217로 만족도에 유의한 차이가 없다.

:■ 분석 결과 5. 사후대비분석

Post Hoc Comparisons - Preference

Comparison						
Preference	Preference	Mean Difference	SE	df	t	$p_{scheffe}$
Existing	- Other	−1.08	0.482	452	−2.24	0.083
	- New	−3.60	0.482	452	−7.46	< .001
Other	- New	−2.52	0.482	452	−5.22	< .001

Post Hoc Comparisons - Gender

Comparison						
Gender	Gender	Mean Difference	SE	df	t	$p_{scheffe}$
Male	- Female	−1.31	1.06	226	−1.24	0.217

Post Hoc Comparisons - Preference ※ Gender

Comparison								
Preference	Gender	Preference	Gender	Mean Difference	SE	df	t	$p_{scheffe}$
Existing	Male	- Existing	Female	−1.767	1.195	355	−1.478	0.823
		- Other	Male	−1.101	0.708	452	−1.554	0.789
		- Other	Female	−2.825	1.195	355	−2.364	0.350
		- New	Male	−4.262	0.708	452	−6.017	< .001
		- New	Female	−4.697	1.195	355	−3.931	0.010
	Female	- Other	Male	0.666	1.195	355	0.557	0.997
		- Other	Female	−1.059	0.654	452	−1.618	0.759
		- New	Male	−2.495	1.195	355	−2.088	0.500
		- New	Female	−2.931	0.654	452	−4.479	0.001
Other	Male	- Other	Female	−1.724	1.195	355	−1.443	0.837
		- New	Male	−3.161	0.708	452	−4.463	0.002
		- New	Female	−3.597	1.195	355	−3.010	0.110
	Female	- New	Male	−1.437	1.195	355	−1.202	0.919
		- New	Female	−1.872	0.654	452	−2.861	0.149
New	Male	- New	Female	−0.436	1.195	355	−0.364	1.000

분석 결과 6. 추정된 주변평균

Estimated Marginal Means - Preference ＊ Gender

Gender	Preference	Mean	SE	95% Confidence Interval	
				Lower	Upper
Male	Existing	31.0	0.851	29.3	32.7
	Other	32.1	0.851	30.4	33.8
	New	35.2	0.851	33.6	36.9
Female	Existing	32.7	0.837	31.1	34.4
	Other	33.8	0.837	32.2	35.5
	New	35.7	0.837	34.0	37.3

Preference ＊ Gender

5) 분석 결과 보고

제품에 대한 소비자들의 선호도를 성별에 따라 분석한 기술통계는 〈표 12-3〉과 같다.

〈표 12-3〉 성별에 따른 제품 선호도에 대한 기술통계

성별	선호도	기존 제품	타사 제품	신제품
남자 (105명)	평균	30.9	32.0	35.2
	표준편차	10.3	8.80	7.70
여자 (123명)	평균	32.7	33.8	35.6
	표준편차	9.82	8.43	8.65
합계 (228명)	평균	31.9	33.0	35.4
	표준편차	10.1	8.63	8.21

성별에 따른 각 제품의 선호도에 대한 분석 결과, 남자들의 기존 제품 운동화에 대한 선호도의 평균은 30.9, 표준편차는 10.3, 타사 제품 운동화에 대한 선호도의 평균은 32.0, 표준편차는 8.80, 신제품 운동화에 대한 선호도의 평균은 35.2, 표준편차는 7.70이다. 한편, 여자들의 기존 제품 운동화에 대한 선호도의 평균은 32.7, 표준편차는 9.82, 타사 제품 운동화에 대한 선호도의 평균은 33.8, 표준편차는 8.43, 신제품 운동화에 대한 선호도의 평균은 35.6, 표준편차는 8.65다.

성별을 구획변수로 하여 제품에 대한 선호도가 성별에 따라 다르게 나타나는지 알아보기 위하여 1피험자 간-1피험자 내 설계에 의한 분산분석을 실시한 결과는 〈표 12-4〉와 같다.

〈표 12-4〉 성별에 따른 제품 선호도의 차이에 대한 분산분석 결과

분산원	제곱합	자유도	평균제곱	F	유의확률
소비자 간	43224	227			
성별	291	1	291	1.53	.217
오차	42933	226	190		
소비자 내	13513.04	456			
운동화	1543.3	1.90	813.6	29.30	<.001
운동화×성별	64.9	1.90	34.2	1.23	.292
오차	11904.9	428.71	27.8		
합계	56737.04	683			

성별 차이에 대한 통계적 유의성 검정결과, F 통계값은 1.53, 유의확률은 .217로서 제품에 대한 선호도가 성별에 따라 차이가 없는 것으로 나타났다. 소비자 내에서 제품에 대한 선호도에 차이가 있는지에 대한 F 통계값은 29.30, 유의확률은 $<.001$로서 유의수준 .05에서 제품에 대한 선호도에 유의한 차이가 있었으며, 제품과 성별의 상호작용 효과에 대한 F값은 1.23, 유의확률은 .292로 상호작용 효과가 유의하지 않은 것으로 분석되었다.

분할구획요인 설계에서 남녀를 구획변수로 설정한 것은 남녀 간에 운동화에 대한 선호도가 다를 것이기에 성별이라는 변수는 통제하였으므로 성별에 따른 선호도에 대한 차이에 대하여 관심을 두지 않는다. 그러나 성별에 따른 선호도에 유의한 차이가 나타났으면 성별을 매개변수로 설정한 것이 합리적이었다 판단할 수 있다.

제**13**장 공분산분석

　매개변수가 질적변수일 경우에는 무선구획설계나 제13장에서 설명한 반복설계로 매개변수의 영향을 제거한다. 또한 매개변수가 양적변수일 경우에는 회귀분석의 원리를 이용하여 매개변수를 통제함으로써 독립변수의 효과를 제거하며 이를 공분산분석이라 한다.

 1. 기본 가정

공분산분석의 **기본 가정**은 다음과 같다.

- 각 집단에 해당되는 모집단의 분포가 정규분포이어야 한다.
- 각 집단에 해당되는 모집단의 분산이 같아야 한다.
- 매개변수와 종속변수 간에 선형적 상관관계가 있어야 한다.
- 매개변수와 종속변수의 회귀선이 모든 실험집단 내에서 동일한 기울기를 가져야 한다. 즉, 각 집단의 회귀계수가 동일해야 한다.

2. 사용 목적

공분산분석(Analysis of Covariance: ANCOVA)은 매개변수가 연속변수일 때 이의 영향을 통계적인 방법으로 통제하여 독립변수의 효과를 검정하는 것으로서 **회귀분석**과 **분산분석**을 결합한 방법이라고 할 수 있다. 예를 들어, 각 집단의 사전 수준이 동일하지 않은 상태에서 처치를 하였을 경우, 사후점수에서의 집단 차이가 처치에 의한 효과라고 단정짓기 어렵다. 따라서 공분산분석은 회귀등식을 이용하여 각 집단의 매개변수의 평균을 동일하게 한 후 종속변수를 교정하여, 교정된 종속변수의 평균 차이를 검정한다.

 ## 3. 기본 원리

회귀분석을 이용한 공분산분석을 설명하면 [그림 13-1]과 같다. [그림 13-1]은 사전능력 점수를 매개변수로, 수리 점수를 종속변수로 하여 집단별로 회귀분석을 수행하였을 때 산출되는 회귀선을 나타낸 것이다. 그림에 의하면 집단별 수리 점수의 평균이 차이가 있는 것으로 나타나고 있으나, 각 집단의 사전능력 수준이 모두 다르므로 수리 점수에서의 평균 차이는 사전능력이 영향을 준 것이라 할 수 있다.

이를 자세히 설명하면 점선에 의한 A, B, C 집단의 수리 점수 평균을 비교할 때 C 집단의 평균점수는 9점으로 가장 높고, A 집단은 7점, B 집단은 6점이 된다. C 집단의 수리 점수 평균이 가장 높은 이유는 매개변수인 사전능력 점수의 평균이 8점으로 이미 높았기 때문에 수리 점수 평균이 높아진 것이지, 처치효과 때문에 평균점수가 높은 것은 아니다. 즉, 세 집단의 사전능력이 모두 다르기 때문에 수리 점수를 비교하기 어렵게 되므로 사전능력을 통제하기 위해 공분산분석에서는 사전능력 점수의 전체 평균, 즉 집단의 사전능력의 평균이 동일해지도록 회귀등식을 이용하여 수리 점수를 이동시켜 교정점수를 계산한다. 따라서 사전능력에서 높은 수준을 나타냈던 C 집단의 수리 점수의 평균은 내려가게 되고 사전능력에서 낮은 수준을 나

타냈던 A 집단의 수리 점수는 올라가게 되어 교수법에 따른 점수 차이를 정확하게
해석할 수 있게 된다. 결과적으로 공분산분석은 교정된 집단별 수리 점수의 평균 차
이, 즉 교정평균의 차이를 검정하는 것이며, 집단별 회귀선이 동일한 기울기를 가진
다는 가정이 충족될 경우, 집단별 절편의 차이를 검정하는 것이다.

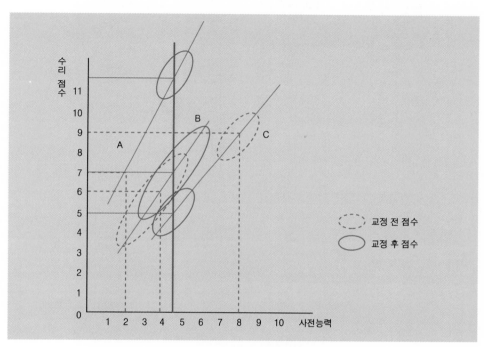

[그림 13-1] 공분산분석의 원리

🔍 4. 분석 실행

예 제

교수법에 따른 과학성취 수준의 차이를 보다 정확히 비교하기 위해 연구를 시작하기 전에
사전검사를 실시하였다. 사전능력의 영향이 배제된 교수법에 따른 사후과학성취도검사의
교정 평균은 차이가 있는가?

(1) 기술통계분석

변수들을 Variables에 옮기고 Statistics를 열어 N, Missing, Mean, Std. deviation, S. E. Mean에 체크한다. 이때 전체 통계량을 위하여 Split by에 'Gender'를 포함하지 않고 분석, 포함한 후 분석을 따로 진행한다. jamovi는 같은 프로시저의 분석을 진행할 때 즉각적으로 바뀌고 그 내용이 저장되지는 않으므로 전체 기술통계와 성별에 따른 기술통계를 실행할 때 각각의 분석 결과를 따로 저장하도록 한다.

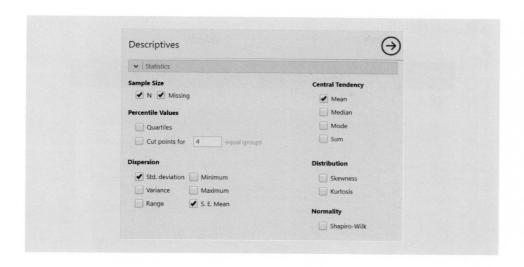

(2) 공분산분석 대화상자 열기

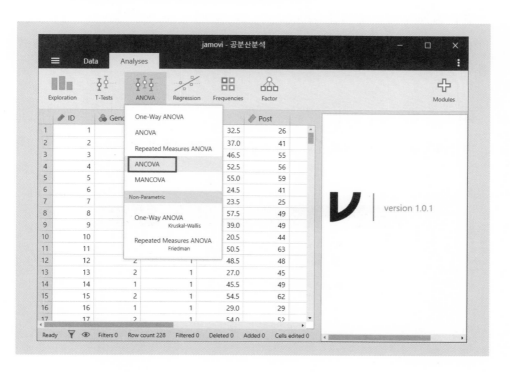

(3) 옵션 지정하기

변수 목록의 변수 중에서 Dependent Variable에는 종속변수인 '사후과학성취', Fixed Factors에는 독립변수인 '교수법', Covariates에는 매개변수인 '사전과학성취'를 지정한다.

(4) 모형 대화상자 열기

메뉴에서 Model을 클릭하면 다음과 같은 모형 대화상자가 열린다.

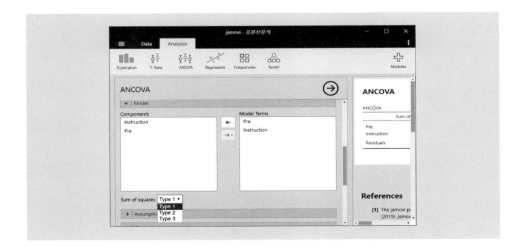

왼쪽 Components 창의 Model Terms 창으로 옮겨 준다. 제곱합인 Sum of squares 를 Type 1로 지정한다.

> **┃제곱합(Type)┃** 제곱합은 제 I 유형~제 IV 유형까지 있으며, 공분산분석의 경우에 제 I 유
> 형 제곱합은 나머지 유형의 제곱합(II = III = IV)에 의한 결과와 다르게 나타난다. 공분
> 산분석에 있어서 주효과를 검정하기 이전에 공변량의 영향을 배제하기 위해서 공변량
> 을 진입시킨다. 공변량을 주효과 전에 입력한 결과를 얻기 위해서는 제 I 유형 제곱합
> 을 선택한다.

(5) 가정점검

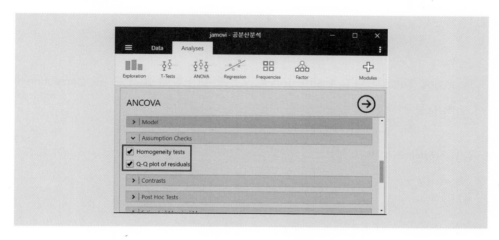

Assumption Checks를 열고 Homogeneity tests와 Q-Q plot of residuals에 체크 한다.

(6) 사후대비분석

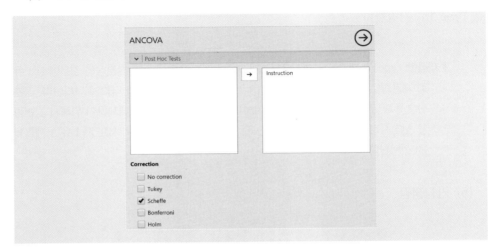

Post Hoc Tests를 열고 'Instruction'을 오른쪽 변수창에 옮겨 준 후, Correction에서 Scheffe를 선택한다.

(7) 추정된 주변평균

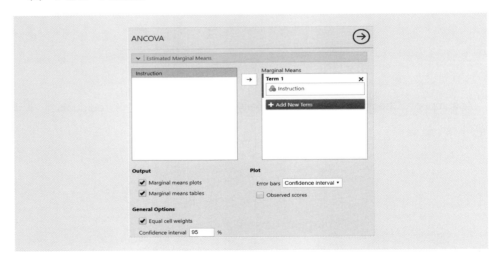

Estimated Marginal Means를 클릭하면 주변평균, 즉 교정평균을 추정할 수 있다. 왼쪽 창에서 주변평균을 산출하고자 하는 변수인 'Instruction'을 오른쪽 Marginal Means의 Term1로 이동시킨다. 주변평균은 공분산의 효과를 제거한 후 교정된 종속변수의 평균을 나타낸다. Output에서 Marginal means plots와 General Options는 Equal cell weights가 기본값으로 설정되어 있으며 이를 유지하고 Marginal means tables에 체크한다. Plot의 Error bars는 기본값인 Confidence interval을 유지한다.

 5. 분석 결과

▪ 분석 결과 1. 교수법에 따른 사전·사후과학성취의 기술통계량

Descriptives

	Pre	Post
N	228	228
Missing	0	0
Mean	39.6	42.5
Std. error mean	0.680	0.622
Standard deviation	10.3	9.39

Descriptives

	Instruction	Pre	Post
N	Experiment	76	76
	Classic	76	76
	Multimedeia	76	76
Missing	Experiment	0	0
	Classic	0	0
	Multimedeia	0	0
Mean	Experiment	37.0	41.8
	Classic	41.0	42.3
	Multimedeia	40.8	43.4
Std. error mean	Experiment	1.23	1.07
	Classic	1.27	1.20
	Multimedeia	0.972	0.955
Standard deviation	Experiment	10.7	9.34
	Classic	11.1	10.4
	Multimedeia	8.48	8.33

⠿ 분석 결과 2. 교수법에 따른 사후과학성취의 등분산 가정 검정

Test for Homogeneity of Variances (Levene's)			
F	df1	df2	p
3.67	2	225	0.027

Levene의 등분산 가정 검정결과, 유의확률은 .027로 영가설을 기각하므로 세 집단의 분산은 같지 않다.

⠿ 분석 결과 3. 교수법에 따른 사후과학성취의 공분산분석(공변량: 사전과학성취)

ANCOVA

	Sum of Squares	df	Mean Square	F	p
Pre	12858	1	12857.9	414.81	< .001
Instruction	218	2	108.8	3.51	0.032
Residuals	6943	224	31.0		

사전과학성취의 F통계값은 414.81, 유의확률은 <.001로서 유의수준 .05에서 사전능력이 사후점수에 유의한 영향을 미치고 있다. 따라서 공분산분석을 적용하는 것이 타당함을 알 수 있으며, 사전능력이 사후점수에 미치는 영향을 통제한 후의 사후점수의 F통계값은 3.51, 유의확률은 .032로서 유의수준 .05에서 교수법에 따라 유의한 차이가 있다.

:• 분석 결과 4. 교수법에 따른 사후과학성취의 공분산분석에 의해 추정된 교정평균

Estimated Marginal Means - Instruction

Instruction	Mean	SE	95% Confidence Interval	
			Lower	Upper
Experiment	43.7	0.645	42.4	45.0
Classic	41.3	0.641	40.0	42.5
Multimedeia	42.6	0.640	41.3	43.8

Instruction

사전과학성취의 전체 평균인 39.6을 기준으로 교정된 사후과학성취의 집단별 평균과 표준오차 및 전체 평균과 표준오차가 제시되어 있다.

:• 분석 결과 5. 사후대비분석

Post Hoc Comparisons - Instruction

Instruction		Comparison Instruction	Mean Difference	SE	df	t	$p_{scheffe}$
Experiment	-	Classic	2.42	0.915	224	2.65	0.032
	-	Multimedeia	1.15	0.914	224	1.26	0.456
Classic	-	Multimedeia	−1.27	0.903	224	−1.41	0.371

🔍 **6.** 분석 결과 보고

교수법에 따른 세 집단의 사례 수, 사전능력, 과학성취수준, 사전능력을 통제한 교정된 과학성취수준의 평균과 표준편차, 사례 수는 〈표 13-1〉과 같다.

〈표 13-1〉 교수법에 따른 사전, 사후, 교정된 사후과학성취 수준에 대한 서술통계

		실험·실습	전통적	멀티미디어	합계
과학성취수준	평균	41.8	42.3	43.4	42.5
	표준편차	9.3	10.4	8.33	9.39
사전능력	평균	37.0	41.0	40.8	39.6
	표준편차	10.7	11.1	8.5	10.3
교정된 과학성취수준	평균	43.7	41.3	42.6	42.52
	표준오차	.65	.64	.64	.37
사례 수		76	76	76	228

　실험 · 실습을 이용한 학생들의 교정평균은 43.7, 전통적 방법으로 수업받은 학생들의 사후검사에 대한 교정평균은 41.3, 멀티미디어를 이용한 학생들의 교정평균은 42.6이다. 교정된 사후성취수준이 교수법에 따라 차이가 있는지에 대한 공분산분석 결과는 〈표 13-2〉와 같다.

〈표 13-2〉교수법에 따른 교정된 사후과학성취수준에 대한 공분산분석 결과

분산원	제곱합	자유도	평균제곱	F	유의확률
공분산(사전성취)	12858	1	12857.9		
교수법	218	2	108.8	3.51	.032
오차	6943	224	31.0		
합계	20019	227			

　사전성취수준의 영향을 통제한 후 교정된 사후성취수준의 통계적 유의성을 검정한 결과, F통계값은 3.51, 유의확률은 .032로서 유의수준 .05에서 교수법에 따라 교정된 과학성취수준에 유의한 차이가 있다고 결론을 내린다.

제14장 다변량분산분석

분산분석은 종속변수가 하나의 특성일 때 독립변수의 영향이 있는지를 분석하는 방법인데 비하여, 다변량분산분석은 종속변수가 두 개 이상의 변수로 합성되어 있을 때 독립변수의 효과를 분석하는 방법이다.

 1. 기본 가정

다변량분산분석을 수행하기 위한 **기본 가정**은 다음과 같다.

- 관측값이 서로 독립적이다.
- 각 집단의 분산–공분산 행렬이 동일하다.
- 모든 종속변수는 다변량 정규분포를 따른다.
- 종속변수들 간의 관계가 선형적이다.
- 종속변수들 간의 상관의 정도가 너무 높지 않아야 한다.

2. 사용 목적

다변량분산분석(Multivariate Analysis of Variance: MANOVA)은 종속변수가 두 개 이상인 경우에 종속변수들의 선형조합에 대한 독립변수의 효과를 분석하기 위한 통계적 방법이다. 예를 들어, 세 가지 교수법에 따라 어휘 발달에 차이가 있는지를 검정하고자 할 때, 종속변수인 유아의 어휘발달이 문자해독능력, 말하는 빈도 수, 어휘 수준 등이 합성된 개념이라면 다변량분산분석을 사용할 수 있다.

 3. 기본 원리

분산분석은 단일 종속변수의 평균이 모든 집단에서 동일하다는 영가설을 검정하는 반면, **다변량분산분석**은 여러 종속변수가 선형적으로 결합하여 이룬 평균벡터가 모든 집단에서 같다는 영가설을 검정한다. 따라서 영가설이 기각되면, 종속변수들이 결합된 점수의 평균벡터가 독립변수에 따라 다르다는 것을 의미한다. 여러 종속변수를 한꺼번에 분석하므로 1종 오류를 통제한 상태에서 변수들 간의 관계성을 명확히 밝힐 수 있는 장점이 있다. 종속변수들 간의 의존적인 관계성이 이론적, 경험적으로 명확할 때 유용하다.

여러 종속변수를 동시에 분석할 필요가 없거나 종속변수들 간의 상관이 없을 때에는 다변량분산분석보다 각각의 종속변수에 대한 분산분석을 사용하는 것이 바람직하다.

4. 분석 실행

┌─── 예 제 ───┐

학생들의 집단 특성에 따라 학생들의 사회부적응성에 차이가 있는지 알아보고자 한다. 학생들의 집단은 인기집단, 논쟁집단, 보통집단, 무시집단, 거부집단의 다섯 단계로 범주화하였으며, 학생들의 사회부적응성을 구성하는 요인으로 외로움, 수줍음, 우울, 불안, 자존감을 설정하였다. 인기집단은 또래들에게 선호의 대상이 되면서 가장 적게 거부되는 집단이고, 거부집단은 또래들이 가장 싫어하는 집단으로 지목되고 또래들이 좋아하지 않는 집단이며, 무시집단은 다른 또래들에게 선호의 대상이 되지는 못하지만 거부의 대상도 아닌 집단이다. 한편, 논쟁집단은 또래들에게 선호되는 동시에 거부되는 집단이며, 보통집단은 인기집단에 미치지 못하지만 어느 정도 선호를 받고 있는 집단을 의미한다. 학생집단 특성에 따라 수줍음, 외로움, 우울, 불안, 자존감의 조합으로 구성된 사회부적응성에 차이가 있는가(장지영, 2002)?

(1) 기술통계 분석

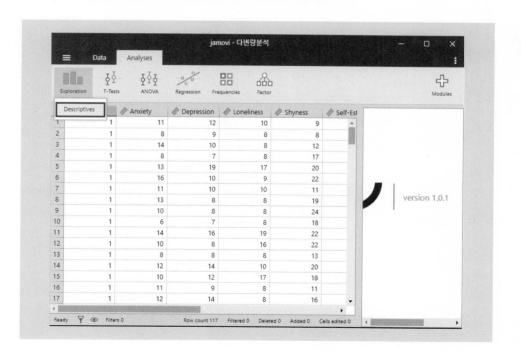

변수들을 Variables로 옮기고 Statistics를 열어 N, Missing, Mean, Std. deviation,
S. E. Mean에 체크한다.

(2) 다변량분석 대화상자 열기

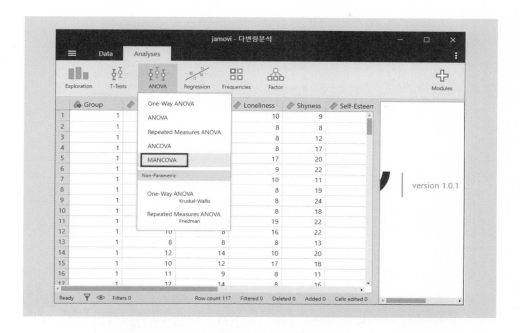

(3) 옵션 지정하기

Dependent Variables에 'Anxiety', 'Depression', 'Loneliness', 'Shyness', 'Self-esteem'을 옮기고 'Group'을 Factors에 옮긴다.

(4) 모형 대화상자 열기

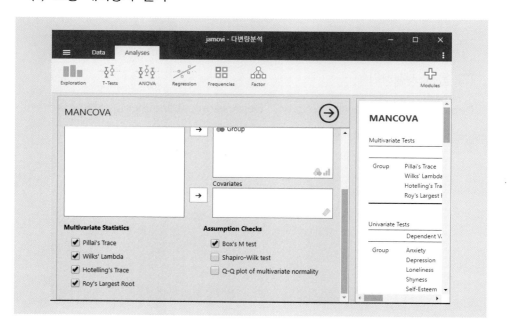

공분산행렬에 대한 동질성 검정을 위한 Box's M test에 체크한다.

5. 분석 결과

분석 결과 1. 기술통계량

Descriptives

	Anxiety	Depression	Loneliness	Shyness	Self-Esteem
N	117	117	117	117	117
Missing	0	0	0	0	0
Mean	13.9	16.4	15.8	18.4	23.2
Std. error mean	0.432	0.529	0.606	0.565	0.600
Standard deviation	4.67	5.73	6.55	6.12	6.49

Descriptives

	Group	Anxiety	Depression	Loneliness	Shyness	Self-Esteem
N	Attractive	35	35	35	35	35
	Disputing	13	13	13	13	13
	General	16	16	16	16	16
	Ignored	34	34	34	34	34
	Rejected	19	19	19	19	19
Missing	Attractive	0	0	0	0	0
	Disputing	0	0	0	0	0
	General	0	0	0	0	0
	Ignored	0	0	0	0	0
	Rejected	0	0	0	0	0
Mean	Attractive	11.7	12.1	11.5	15.5	21.1
	Disputing	15.2	14.8	11.7	16.2	20.7
	General	13.0	16.3	12.9	18.1	21.4
	Ignored	12.6	17.1	18.3	18.0	22.8
	Rejected	20.2	24.1	24.5	26.0	30.8
Std. error mean	Attractive	0.547	0.608	0.722	0.781	1.07
	Disputing	1.09	1.35	0.796	1.08	1.36
	General	0.832	1.22	1.24	1.38	0.979
	Ignored	0.709	0.684	0.794	0.970	1.07
	Rejected	0.850	1.05	1.22	1.17	0.962
Standard deviation	Attractive	3.24	3.60	4.27	4.62	6.34
	Disputing	3.91	4.88	2.87	3.88	4.91
	General	3.33	4.87	4.96	5.52	3.92
	Ignored	4.13	3.99	4.63	5.66	6.22
	Rejected	3.71	4.56	5.32	5.09	4.19

:• 분석 결과 2. 공분산 행렬에 대한 동질성 검정

Box's Homogeneity of Covariance Matrices Test		
x^2	df	p
76.7	60	0.072

    Box의 동질성 검정결과, 유의확률은 .072로 유의수준 .05보다 크므로 영가설을 기각하지 못한다. 따라서 공분산 행렬이 동일하다는 영가설을 채택한다.

:• 분석 결과 3. 다변량 검정결과

Multivariate Tests		value	F	df1	df2	p
Group	Pillai's Trace	0.945	6.87	20	444	< .001
	Wilks' Lambda	0.253	9.21	20	359	< .001
	Hotelling's Trace	2.22	11.8	20	426	< .001
	Roy's Largest Root	1.86	41.4	5	111	< .001

    사회적 집단의 Wilks의 람다값은 .253, 유의확률은 <.001로 유의수준 .05에서 다섯 가지 요인이 사회적 집단을 결정하는 데 모두 효과가 같지 않다.

▍▪ 분석 결과 4. 개체-간 효과검정

	Dependent Variable	Sum of Squares	df	Mean Square	F	p
Univariate Tests						
Group	Anxiety	1011	4	252.8	18.7	< .001
	Depression	1823	4	455.8	25.8	< .001
	Loneliness	2671	4	667.8	32.4	< .001
	Shyness	1451	4	362.7	14.1	< .001
	Self-Esteem	1407	4	351.8	11.3	< .001
Residuals	Anxiety	1518	112	13.6		
	Depression	1980	112	17.7		
	Loneliness	2305	112	20.6		
	Shyness	2887	112	25.8		
	Self-Esteem	3479	112	31.1		

단변량 효과검정으로 각각의 종속변수가 사회적 집단에 따라서 차이가 있는지를 검정한 결과 모든 종속변수는 사회적 집단에 따라 유의수준 .05에서 유의한 차이가 있다.

6. 분석 결과 보고

학생집단 특성에 따른 각 집단의 사례 수와 사회부적응성을 구성하고 있는 하위 요인들에 대한 평균과 표준편차는 〈표 14-1〉과 같다.

〈표 14-1〉 학생집단 특성에 따른 사회부적응성 하위 요인에 대한 기술통계

사회적 집단	불안		우울		외로움		수줍음		자존감		사례 수
	평균	표준 편차	평균	표준 편차	평균	표준 편차	평균	표준 편차	평균	표준 편차	
인기집단	11.7	3.24	12.1	3.60	11.5	4.27	15.5	4.62	21.1	6.34	35
논쟁집단	15.2	3.91	14.8	4.88	11.7	2.87	16.2	3.88	20.7	4.91	13
보통집단	13.0	3.33	16.3	4.87	12.9	4.96	18.1	5.52	21.4	3.92	16
무시집단	12.6	4.13	17.1	3.99	18.3	4.63	18.0	5.66	22.8	6.22	34
거부집단	20.2	3.71	24.1	4.56	24.5	5.32	26.0	5.09	30.8	4.19	19
합 계	13.9	4.67	16.4	5.73	15.8	6.55	18.4	6.12	23.2	6.49	117

불안 요인에 대한 인기집단의 평균은 11.7, 논쟁집단의 평균은 15.2, 보통집단의 평균은 13.0, 무시집단의 평균은 12.6, 거부집단의 평균은 20.2이며, 우울 요인에 대한 인기집단의 평균은 12.1, 논쟁집단의 평균은 14.8, 보통집단의 평균은 16.3, 무시집단의 평균은 17.1, 거부집단의 평균은 24.1이다. 외로움 요인에 대한 인기집단의 평균은 11.5, 논쟁집단의 평균은 11.7, 보통집단의 평균은 12.9, 무시집단의 평균은 18.3, 거부집단의 평균은 24.5이며, 수줍음 요인에 대한 인기집단의 평균은 15.5, 논쟁집단의 평균은 16.2, 보통집단의 평균은 18.1, 무시집단의 평균은 18.0, 거부집단의 평균은 26.0이다. 한편, 낮은 자존감에 대한 인기집단의 평균은 21.1, 논쟁집단의 평균은 20.7, 보통집단의 평균은 21.4, 무시집단의 평균은 22.8, 거부집단의 평균은 30.8이다.

제15장 χ^2검정

χ^2검정은 두 가지 이상의 질적변수, 즉 범주형 변수를 분석하기 위한 통계적 방법이다. 예를 들어, 성별에 따른 정당의 선호도, 인종에 따른 머리카락 색 등을 연구할 때 사용한다. 질적변수인 한 변수의 범주에 따른 다른 변수의 빈도와 비율은 **교차표**(Cross Tabulation)로 작성하고, 모집단에서 집단간의 차이가 있는지를 분석하기 위하여 사용하며, 이를 교차분석이라고도 한다. 또한 χ^2검정은 하나의 모집단에서 한 표본을 추출하여 상관관계를 검정하는 데도 사용할 수 있다.

1. 기본 가정

χ^2검정을 실시할 때 **기본 가정**은 다음과 같다.

- 종속변수가 명명변수에 의한 질적변수이거나 최소한 **범주변수**(categorical variable)이어야 한다. 예를 들어, 성별이나 인종, 혹은 자동차 유형 등을 들 수 있다. 또한 연속변수를 어떤 목적 아래 비연속변수로 변환한 범주변수의 예로써 지능지수에 따른 집단 구분으로 우수아, 보통아, 저능아 혹은 수입에 따른 집단 구분으로 고소득자, 중산층, 저소득자 등을 들 수 있다.
- 획득도수와 기대도수가 5보다 작은 칸(cell)이 전체 칸 수의 20% 이하이어야 한다. 각 범주에 포함되어 있는 도수를 **획득도수**(obtained frequency) 혹은 획득

빈도라 하고 영가설이 진일 때 각 범주에 기대되는 도수를 **기대도수**(expected frequency) 혹은 기대빈도라 한다.

• 각 칸에 떨어져 있는 도수는 각각 독립적이어야 한다. 예를 들어, 인종별로 분류하고 눈동자의 색으로 분류할 때 동일인이 각기 중복되는 일이 없어야 한다. 즉, 어떤 칸에 해당되는 사례는 다른 칸에 해당되는 사례와 상관없는 독립적 관계이어야 한다. 따라서 중복응답 문항의 경우에는 χ^2 검정을 적용할 수 없다.

이상의 세 가지 기본 가정이 충족되지 않는 상태에서 χ^2 검정을 사용하는 경우가 학위논문뿐 아니라 많은 보고서에서 발견되고 있으므로 주의가 필요하다.

2. 사용 목적

동질성 연구는 여러 모집단에서 각각의 표본을 추출하여 각 모집단의 속성이 유사한가를 검정하는 데 목적이 있으며, 상관성 연구는 한 모집단에서 하나의 표본을 추출하여 표본의 각 사례에서 두 변수를 관찰하여 두 변수가 서로 관계가 있는지를 검정한다. 동질성 연구나 상관성 연구 모두 똑같은 변수로 측정되나 동질성 연구는 연구의 목적상 여러 개의 모집단에서 각각의 표본을 추출하며, 상관성 연구는 한 모집단에서 하나의 표본을 추출하여 χ^2 검정을 실시하는 차이점이 있다.

3. 기본 원리

　재산공유에 대한 남녀 간의 의견에 차이가 있는지를 연구해보고자 할 때 남녀 각 각 500명을 추출하여 찬성과 반대를 물은 결과는 다음과 같다.

		성별		
		남	여	
찬반여부	찬성	100	300	400
	반대	400	200	600
		500	500	

　남자 500명 중 100명이 찬성하고, 여자는 500명 중 300명이 찬성하였다. 비율을 검정하더라도 남자의 찬성 비율은 .2이고, 여자는 .6이다. 전체적으로 볼 때, 1000명 중 400명이 찬성하여 40%가 성별에 관계 없이 부부가 재산을 공유하는 것을 찬성하였다.　영가설(부부재산공유에 대하여 찬성하는 남녀 비율이 같다)이 진이라면 남자도 40%에 해당하는 200명이 찬성하여야 할 것이고, 여자도 40%에 해당하는 200명이 찬성하여야 할 것이다. 그러나 남자는 100명, 여자는 300명이 찬성하였다. 이 빈도 수를 관찰빈도라 하고, 영가설 아래서 계산한 남자 200명, 여자 200명을 기대빈도라 한다. 관찰빈도와 기대빈도의 차이가 없으면 영가설을 충족하게 되며, 그 차이값이 클수록 영가설을 기각하게 된다.

　χ^2**통계값**은 다음과 같이 계산된다.

$$\chi^2 = \sum\sum \frac{(획득빈도 - 기대빈도)^2}{기대빈도}$$

4. 분석 실행

┌─ 예 제 ─┐

현행 학교군 제도에서 학생 배정방식을 조정할 때 가장 먼저 고려해야 할 요인에 대하여 초·
중·고 교사들의 인식에 차이가 있는지 알아보고자 한다. 학생 배정방식에 대한 교사들의
인식은 학교급에 따라 차이가 있는가?

(1) 교차분석 대화상자 열기

Analyses ▷ Frequencies ▷ Independent Samples χ^2 test of association

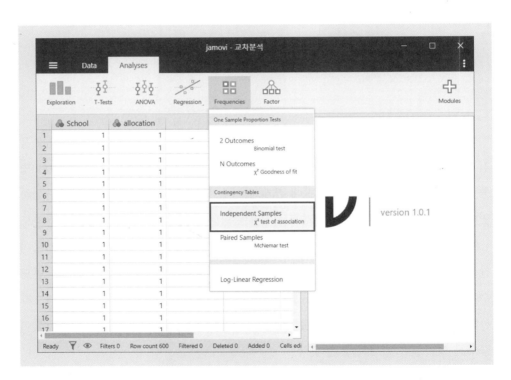

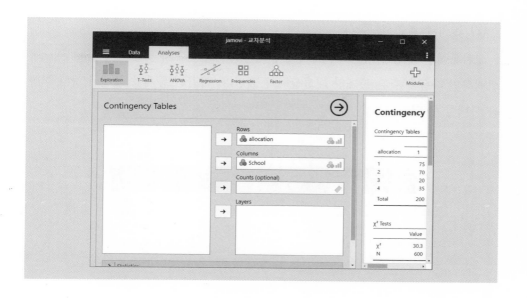

　변수 목록 중에서 교차분석을 수행하고자 하는 변수를 Rows와 Columns에 각각 옮긴다. Counts(optional)은 자료의 형태가 사례수 각각에 대해 코딩되지 않고 행범주와 열범주에 해당하는 값을 표현한 형태이면 가중값 부여를 위해 사용한다. 예를 들어, 다음과 같이 해당 범주의 값이 빈도변수로 주어진 자료라면 Counts(optional)에 'frequency' 변수를 옮겨 가중값 설정이 되도록 한다. 예시 자료의 첫 번째 줄은 학교 구분이 1, 배정방식이 1에 응답한 사람이 75명이라는 뜻이다.

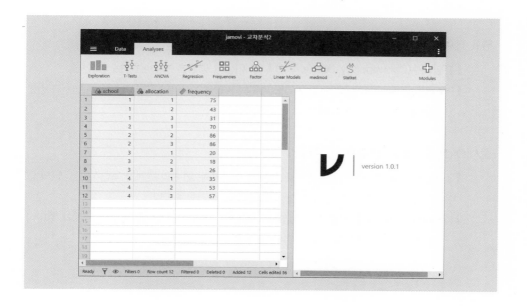

(2) 통계량 옵션지정하기

교차분석을 수행할 때, 교차표 외에 통계량을 계산하고자 하는 경우, Statistics를 선택하면 다음과 같은 통계량 대화상자가 열린다. 각각의 통계량 중에서 하나 이상을 선택할 수 있다.

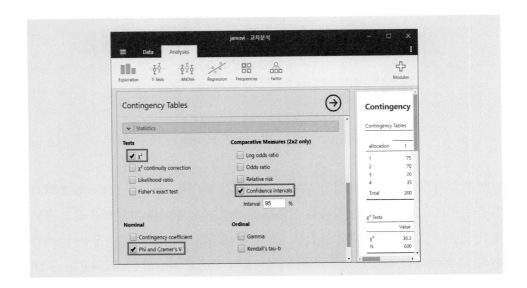

검정(Tests)

▌χ^2 ▌ Chi-square(χ^2) 검정 통계량 산출

명목 데이터(Nominal data): 변수가 명명척도인 경우

▌분할계수(Contingency coefficient) ▌ 둘 이상의 명명변수의 상관계수를 산출
▌Phi and Cramer's V ▌ 0~1의 범위를 가지며, .76~1.0 사이의 값을 가지면 두 변수가 강한 관계를 가지고 있다고 해석

순서(Ordinal data): 변수가 서열척도인 경우

▌감마(Gamma) ▌ −1~+1의 범위를 가지며, 0 이면 두 변수의 관계가 독립적임을, 양의 값을 가지면 한 변수가 증가할 때 다른 변수도 증가함을 의미
▌Kendall's tau−b ▌ 서열척도의 경우에 적용되는 등위상관계수로 변수의 관계가 얼마나 일치하는가를 나타낸다. 행과 열의 수가 같은 경우에 사용

비교 측정(Comparative Measures)

　　▎Relative risk) ▎ 2 × 2 교차표에서 상대적 위험도를 나타냄

(3) 셀 대화상자 열기

　메뉴에서 Cells를 선택하면 다음과 같은 대화 상자가 열린다. 원하는 통계량을 선택하여 교차표에서 각 셀에 표시하고자 하는 빈도, 퍼센트 등을 조정할 수 있다.

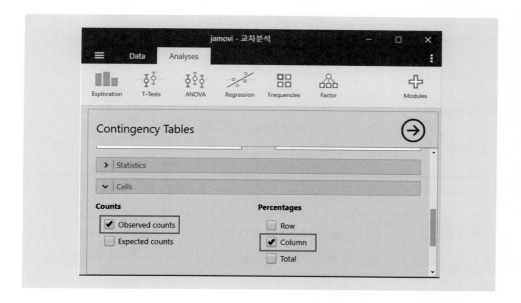

빈도(counts)

　　▎관측빈도(Observed counts) ▎ 실제 관찰된 사례의 빈도 수(기본설정값)

　　▎기대빈도(Expected counts) ▎ 영가설하에서 얻을 것이라 기대되는 사례 수

퍼센트(percentages): 지정된 항목의 백분율 출력

　　▎행(Row) ▎ 행의 합에 대한 백분율

　　▎열(Column) ▎ 열의 합에 대한 백분율

　　▎전체(Total) ▎ 각 셀의 총합에 대한 백분율

5. 분석 결과

∷· 분석 결과 1. 재직학교급 × 현행 학교군 제도 조정에 대한 의견의 교차표

Contingency Tables		School			Total
allocation		Elementary	Middle	High	
Short distance	Observed	75	43	31	149
	% within column	37.5 %	21.5 %	15.5 %	
Right for selection	Observed	70	86	86	242
	% within column	35.0 %	43.0 %	43.0 %	
Equal allocation	Observed	20	18	26	64
	% within column	10.0 %	9.0 %	13.0 %	
Equity among school districts	Observed	35	53	57	145
	% within column	17.5 %	26.5 %	28.5 %	
Total	Observed	200	200	200	600
	% within column	100.0 %	100.0 %	100.0 %	

　　재직학교급 School 1은 초등학교, 2는 중학교, 3은 고등학교를 의미하며, 배정방식 allocation 1은 통학시간 단축, 2는 학생들의 학교 선택권, 3은 특정학교로의 편중방지, 4는 학군 간 격차 해소이다.

∷· 분석 결과 2. 재직학교급×현행 학교군 제도 조정에 대한 의견의 χ^2 검정

χ^2 Tests	Value	df	p
χ^2	30.3	6	< .001
N	600		

재직학교급에 따른 현행 학교군 제도 조정에 대한 의견의 χ^2검정결과, χ^2통계값이 30.3일 때 유의확률은 <.001로서 유의수준 .05에서 영가설이 기각되었다. 그러므로 재직학교급에 따라 현행 학교군 제도 조정에 대한 의견은 다르다고 결론 내린다.

▪ 분석 결과 3. 재직학교급과 현행 학교군 제도 조정에 대한 의견의 상관계수

Nominal	
	Value
Phi-coefficient	NaN
Cramer's V	0.159

재직학교급과 현행 학교군 제도 조정에 대한 의견의 상관에 대한 χ^2검정결과 Cramer의 V값이 .159이므로 재직학교급과 현행 학교군 제도 조정에 대한 의견은 .159로 상관이 매우 낮다고 해석할 수 있다.

6. 분석 결과 보고

현행 학교군 제도의 학생 배정방식을 조정할 때 가장 먼저 고려해야 할 요인에 대한 초·중·고 교사들의 인식을 조사한 결과는 〈표 15-1〉과 같다.

〈표 15-1〉 학교군 제도 조정시 고려해야 할 요인에 대한
초 · 중 · 고 교사들의 인식 차이

단위: 명(%)

	초등학교	중학교	고등학교	전 체
통학시간 단축	75 (37.5)	43 (21.5)	31 (15.5)	149 (24.8)
학생들의 학교 선택권	70 (35.0)	86 (43.0)	86 (43.0)	242 (40.3)
특정 학교로의 편중 방지	20 (10.0)	18 (9.0)	26 (13.0)	64 (10.7)
학군 간 격차 해소	35 (17.5)	53 (26.5)	57 (28.5)	145 (24.2)
전 체	200 (100)	200 (100)	200 (100)	600 (100)

$$\chi^2 = 30.3 \ (df=6, \ p<.001)$$

초등학교 교사의 경우 통학시간의 단축이라고 응답한 사람이 75명으로 전체의 37.5%로 가장 많았으며, 학생들의 학교 선택권이라고 응답한 사람도 35%를 차지하고 있다. 반면, 중학교 교사의 경우 전체의 43%인 86명이 학생들의 학교 선택권을 가장 먼저 고려해야 한다고 응답하였으며, 학군 간 격차 해소(53명, 26.5%)와 통학시간의 단축(43명, 21.5%)이 그 다음 순으로 나타나고 있다. 고등학교 교사 역시 학생들의 학교 선택권을 가장 먼저 고려해야 한다고 응답한 사람이 86명으로 전체의 43%로 가장 많았으며, 학군 간 격차 해소라고 응답한 교사는 57명으로 28.5%의 비율을 나타내고 있다.

학교급에 따라 학교 배정방식에 대한 의견에 유의한 차이가 있는지 알아보기 위해 χ^2검정을 실시한 결과, χ^2통계값은 30.3, 유의확률은 <.001로서 유의수준 .05에서 학교급에 따라 교사들의 인식에 유의한 차이가 있다고 할 수 있다.

제5부

관계분석

제16장   상관분석

제17장   회귀분석

제18장   로지스틱 회귀분석

제**16**장 상관분석

    상관은 두 변수가 어떻게 변해 가는지를 나타내는 것이며, **상관분석**은 두 변수 간에 상관관계가 존재하는지를 파악하고 상관관계의 정도를 추정하는 것이다. **상관계수**(correlation coefficient)는 한 변수가 증가할 때 다른 변수도 증가하는지, 아니면 오히려 감소하는지, 혹은 변화가 없는지를 밝히고, 그 정도를 추정하며, 변수들 간의 관계 정도와 방향을 나타낸다.

1. 기본 가정

    상관분석을 수행하기 위하여 다음과 같은 **가정**을 충족시켜야 한다.

- 두 변수 X와 Y는 선형적인 관계를 가져야 한다.
- X 변수의 각 점수에 대응하는 Y 점수의 분산과 Y 변수의 각 점수에 대응하는 X 점수의 분산이 동일하여야 한다.
- X와 Y의 측정치는 최소한 등간척도 수준이다.

2. 사용 목적

상관계수는 분석하고자 하는 변수의 특성에 따라 다음의 상관계수를 적용한다.

- ▌**Pearson의 적률상관계수** ▌ 두 변수 모두 연속적인 양적변수일 때 두 변수 간의 관계를 나타내는 상관계수
- ▌**Spearman의 등위상관계수 및 Kendall의 타우** ▌ 순서척도에 의한 두 서열변수 사이의 관계를 나타내는 상관계수(예: 중간시험 성적 순위와 기말시험 성적 순위)
- ▌**양류(점이연)상관계수(point biserial correlation coefficient)** ▌ 명명척도에 의해 이분화된 질적변수와 연속적인 양적변수 간의 관계를 나타내는 상관계수(예: 성별과 학업성취도)
- ▌**양분(이연)상관계수(biserial correlation coefficient)** ▌ 인위적으로 이분된 변수와 연속적인 양적변수 간의 관계를 나타내는 상관계수(예: 완전학습 여부와 학업성취도)
- ▌**Φ계수** ▌ 두 변수 모두 이분화된 질적변수일 때 두 변수의 상관 정도를 나타내는 계수(예: 성별과 찬·반 여부)
- ▌**Cramer V** ▌ 두 변수 모두 3개 이상의 범주를 갖는 질적변수일 때 두 변수의 상관 정도를 나타내는 계수

이 중 Φ계수와 Cramer V는 교차분석의 옵션에 의하여 구할 수 있으므로, 제16장 교차분석을 참고하기 바란다.

jamovi 상관분석 절차에서는 Pearson의 적률상관계수, Spearman의 순위상관계수 및 Kendall의 타우(tau) 등을 구할 수 있다. 두 변수 간의 관계를 알아보고자 할 때 가장 먼저 하는 일은 산점도(scatter plot)를 그려 보는 것이다. 산점도를 그리기 위해서는 jamovi library의 Module 'scatr'을 설치하여 Scatterplot을 선택하여 그려 볼 수 있다.

3. 기본 원리

　　상관은 두 변수의 관계로서 한 변수가 변할 때 다른 변수가 어떻게 변하는가를 알려 준다. 한 변수가 변하는 정도는 **분산**(variance)으로 설명하고, 두 변수가 변하는 정도는 **공분산**으로 추정한다. 그러므로 공분산값이 양수이면 정적 관계이고, 음수이면 부적 관계를 지닌다. 뿐만 아니라, 공분산이 크면 상관의 정도가 크다고 할 수 있으므로 상관은 공분산에 비례한다. 그러나 동일한 연구대상에서 추정한 두 변수가 척도의 단위를 달리할 때 공분산의 값은 변화하므로 단순히 공분산만으로 상관계수를 추정할 경우 상관계수는 변화한다.

　　그래서 **Karl Pearson**(1896)은 상관계수를 계산할 때 공분산을 한 변수의 표준편차와 다른 변수의 표준편차로 나누어야 하는 원리를 발견하고, 다음과 같은 공식을 제안하였다.

$$\rho_{XY} = \frac{\sigma_{XY}}{\sigma_X \sigma_Y}$$

　　상관계수의 유의검정은 z 통계에 의하며, 그 공식은 다음과 같다.

$$z = \frac{Z_r - Z_\rho}{\dfrac{1}{\sqrt{n-3}}}$$

4. Pearson의 적률상관계수

두 변수 모두 연속적인 양적변수일 때 Pearson의 적률상관계수를 구하고, 두 변수 간의 상관관계에 대한 통계적 유의성을 검정하는 분석방법이다.

단순적률상관계수의 일반적인 **특징**은 다음과 같다.

- 상관계수의 범위는 −1.0에서 1.0 사이의 값을 갖는다.
- 상관계수의 크기는 관련성의 정도를 나타낸다. 절대값이 크면 두 변수가 밀접하게 관련되어 있음을 의미하며, 절대값이 작으면 두 변수 간의 관련성이 낮음을 의미한다. +는 정적인 상관을, −는 부적인 상관을 나타내며, 상관계수가 0인 것은 두 변수 간에 선형적인 관련성이 없음을 나타낸다.
- 상관관계가 인과관계를 의미하지는 않는다.

단순적률상관계수로 상관분석을 하기 위해서는 다음과 같은 점을 고려하여야 한다.

- 표본의 사례 수로서 표본의 크기가 작으면 표본에 따라 상관계수가 변하게 되어 모집단의 상관계수와 멀어지게 된다. 따라서 사례 수가 많을 때 더 안정적인 상관계수를 추정할 수 있다.
- 등분산성으로서 X 변수의 각 점수에 대응하는 Y 점수의 분산과 Y 변수의 각 점수에 대응하는 X 점수의 분산이 동일하여야 한다.
- 점수의 분산과 비연속성으로서 점수의 분산이 클수록 높은 상관관계를 나타내며 분산이 작을수록 낮은 상관관계를 나타낸다. 따라서 자료가 절단되어 비연속적 분포를 나타낼 경우에는 상관계수의 해석에 주의를 기울여야 한다.
- 이상점(outlier)으로서 극단값은 상관계수에 영향을 미친다. 따라서 두 변수 간 관계의 경향성에서 매우 동떨어진 이상점이 있을 경우, 그 자료가 의미가 있는 것인지 고려하여 연구의 특성상 신뢰롭지 못한 자료라면 이를 제거한 후 상관계수를 추정하는 것이 바람직하다. 한편, 상관계수의 통계적 유의성은 사례 수에 민감하게 영향을 받으므로 항상 실제적인 의미에 기초하여 해석하여야 한

다. 실제적인 의미를 판단할 때 일반적으로 〈표 16-1〉과 같은 기준을 따른다.

〈표 16-1〉 상관계수의 해석 기준

상관계수의 범위	상관관계의 해석
±.00 ~ .20	상관이 매우 낮다.
±.20 ~ .40	상관이 낮다.
±.40 ~ .60	상관이 있다.
±.60 ~ .80	상관이 높다.
±.80 ~ 1.00	상관이 매우 높다.

1) 분석 실행

예 제

학생부, 논술, 수능 점수 간의 상관은 어떠한가?

(1) 기술통계분석

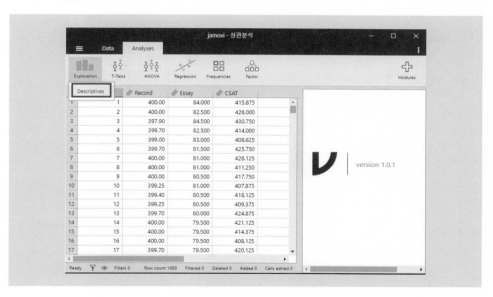

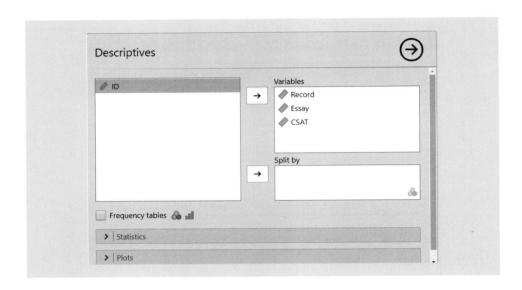

변수들을 Variables에 옮겨 주고 Statistics를 연다. N, Missing, Mean, Std. deviation, S. E. Mean에 체크한다.

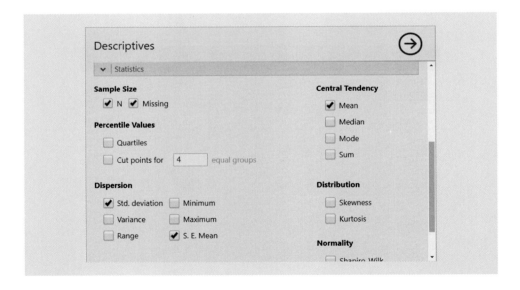

(2) 상관분석 대화상자 열기

(3) 옵션 지정하기

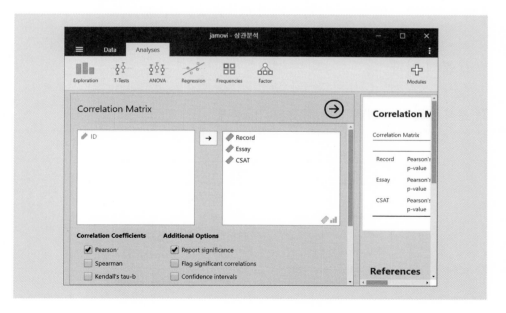

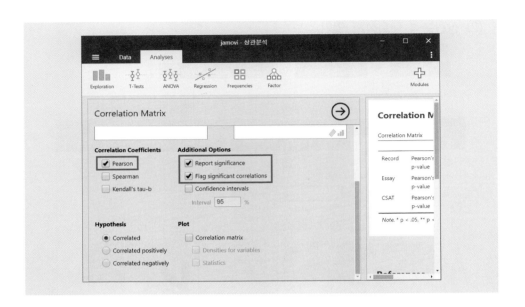

　　왼쪽 상자의 변수 목록에 나열된 변수 중에서 상관을 알아보고자 하는 변수를 선택하여 오른쪽 변수창에 옮긴 다음 Correlation Coefficients에서 Pearson을 선택한다. 유의성 검정을 위해 Additional Options의 Report significance에 체크한다. 유의한 상관계수 별표시를 위해 Flag significant correlations에 체크한다. 유의수준 .05에서 유의할 경우 별표 한 개, 유의수준 .01에서 유의할 경우 별표 두 개 표시, 유의수준 .001에서 유의할 경우 별표 세 개 표시가 기본 설정값이다.

2) 분석 결과

■ 분석 결과 1. 학생부, 논술, 수능의 기술통계

Descriptives

	Record	Essay	CSAT
N	1000	1000	1000
Missing	0	0	0
Mean	398	73.2	420
Std. error mean	0.107	0.153	0.801
Standard deviation	3.38	4.83	25.3

:▪ 분석 결과 2. 학생부, 논술, 수능의 상관분석

Correlation Matrix

		Record	Essay	CSAT
Record	Pearson's r	—		
	p-value	—		
Essay	Pearson's r	0.311***	—	
	p-value	< .001	—	
CSAT	Pearson's r	0.707***	0.323***	—
	p-value	< .001	< .001	—

Note. * p < .05, ** p < .01, *** p < .001

3) 분석 결과 보고

학생부, 논술, 수능 점수 간의 상관분석 결과는 〈표 16-2〉와 같다.

〈표 16-2〉 학생부, 논술, 수능 점수 간의 상관계수($n=1,000$)

	학생부	논술
논술	.311***	
수능	.707***	.323***

*$p<.01$

　학생부, 논술, 수능 점수 간의 상관계수를 살펴보면, 학생부 성적과 논술 점수 간의 상관계수는 .311, 논술 점수와 수능 점수 간의 상관계수는 .323로 상관이 낮은 편이다. 반면에 학생부 성적과 수능 점수 간의 상관계수는 .707로 높은 상관을 나타내고 있다. 학생부, 논술, 수능 점수 간의 상관관계는 유의수준 .01에서 유의하였다.

5. 등위상관분석

두 변수 모두 서열척도로 되어 있는 비연속적인 변수일 때 비모수적 상관분석인 Spearman의 **등위상관계수** 또는 Kendall의 **타우**를 통해 두 변수 간 등위 사이의 일치도를 검정한다.

1) 분석 실행

┌─── 예 제 ───┐
학생부, 논술, 수능 점수 등위 간의 상관은 어떠한가?

(1) 상관분석 대화상자 열기

Analyses ▷ Regression ▷ Correlation Matrix

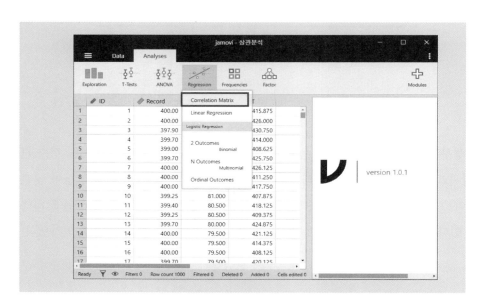

(2) 옵션 지정하기

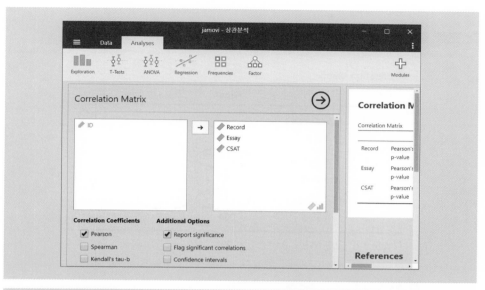

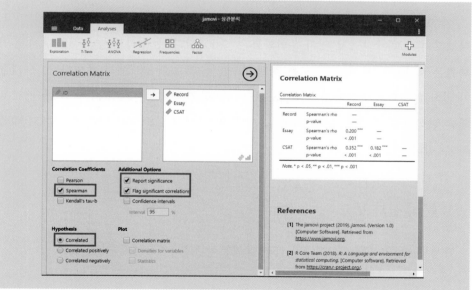

　왼쪽 상자 안에 나열된 변수 중에서 상관을 알아보고자 하는 변수를 선택하여 오른쪽 변수창에 옮긴 후, 상관계수에서 Spearman을 선택한다.

2) 분석 결과

▶ 분석 결과 1. 사전수학점수 등위와 사후수학점수 등위의 상관분석

Correlation Matrix

		Record	Essay	CSAT
Record	Spearman's rho	—		
	p-value	—		
Essay	Spearman's rho	0.200 ***	—	
	p-value	< .001	—	
CSAT	Spearman's rho	0.352 ***	0.182 ***	—
	p-value	< .001	< .001	—

Note. * p < .05, ** p < .01, *** p < .001

Spearman의 등위상관계수는 학생부와 논술이 .200으로 유의확률은 <.001이고, 학생부와 수능이 .352로 역시 유의확률은 <.001이다. 논술과 수능은 .182로서 유의확률은 <.001이다. 따라서 모든 상관계수는 유의수준 .001에서 유의하다. 사례수가 많아 표준오차가 작아져 통계적으로는 유의하였으나 상관의 수준은 .182~.352로 낮은 편이므로 학생부, 논술, 수능 간의 등위 사이의 일치도는 낮은 편이라고 해석할 수 있다.

3) 분석 결과 보고

학생부, 논술, 수능 점수 등위 간의 상관분석 결과는 〈표 16-3〉과 같다.

〈표 16-3〉 학생부, 논술, 수능 점수 등위상관계수($n=1,000$)

	학생부	논술
논술	.200***	
수능	.352***	.182***

$***p<.001$

　학생부, 논술, 수능 등위 간의 상관관계는 유의수준 .001에서 유의하지만, 학생부, 논술, 수능점수 등위 간의 상관계수를 살펴보면, 학생부와 논술 간의 등위상관계수는 .200, 학생부와 수능 점수 간의 상관계수는 .352, 논술과 수능 점수 간의 등위상관계수는 .182로 상관이 낮다.

제**17**장 회귀분석

회귀분석(Regression Analysis)이란 독립변수와 종속변수 사이의 선형식을 구하여 독립변수의 값이 주어졌을 때 종속변수의 값을 예측하고, 종속변수에 대한 독립변수의 예측력(영향력)을 분석하는 방법이다. 회귀분석에서는 모형설정, 모형추정, 모형진단의 단계를 거쳐 자료에 가장 적합한 모형을 선택하게 된다. 만약, 독립변수가 하나면 **단순회귀분석**(simple regression analysis)이라고 하고, 독립변수가 다수일 경우에는 **중다회귀분석**(multiple regression analysis)이라고 한다.

 ## 1. 기본 가정

회귀분석을 수행하기 위하여 다음과 같은 **가정**이 충족되어야 한다.

- 종속변수는 양적변수이어야 한다.
- 종속변수는 정규분포 가정을 충족하여야 한다.

2. 단순회귀분석

1) 사용 목적

단순회귀분석(simple regression analysis)은 하나의 독립변수가 종속변수에 미치는 영향을 밝히는 통계적 방법으로 상관계수에 기초한다. 종속변수가 양적변수이고 독립변수는 양적 혹은 질적변수일 때 사용이 가능하다.

2) 기본 원리

(1) 모형

단순회귀분석은 하나의 독립변수와 종속변수 간의 선형적 관계를 가정하는 것으로서 다음과 같이 표현된다.

$$\hat{Y}_i = \beta_0 + \beta_1 X_i + \epsilon_i$$

β_0: $X_i = 0$일 때 Y_i의 기대값(회귀상수, 절편)
β_1: 모집단의 회귀계수(회귀선의 기울기)
　　⇒ 종속변수에 영향을 미치는 독립변수의 효과
ϵ_i: X_i에 의해 설명되지 않는 오차
　　$\epsilon_i \sim N(0, \sigma^2)$
　　⇒ 가정: 정규성, 선형성, 등분산성, 상호 독립성

회귀분석에서는 Y의 실제값과 독립변수를 통해 예측된 $\hat{Y}$ 사이의 차이를 최소화하는 회귀식을 산출한다. 즉, **최소자승화**의 **원리**(at least square method)에 의해 오차의 제곱합이 최소가 되게 하는 **절편**(β_0)과 **회귀계수**(β_1)를 추정한다.

β_0과 β_1은 다음 공식에 의하여 추정된다.

$$\beta_1 = \rho_{XY}\frac{\sigma_Y}{\sigma_X}$$

$$\beta_0 = \overline{Y} - \beta_1\overline{X}$$

(2) 회귀식의 통계적 유의성

Y의 **총변화량**은 다음과 같이 두 부분으로 분할된다.

$$\sum(Y_i - \overline{Y})^2 = \sum(\hat{Y}_i - \overline{Y})^2 + \sum(Y_i - \hat{Y})^2$$
$$SS_T \quad = \quad SS_R \quad + \quad SS_E$$

SS_T : Y의 총 편차 제곱합
SS_R : 회귀식에 의해 설명되는 변화량(회귀편차제곱합)
SS_E : 회귀식에 의해 설명되지 않는 변화량(잔차제곱합)

단순회귀의 분산분석표는 다음과 같다.

분산원	제곱합(SS)	자유도	평균제곱(MS)	F	R^2
회귀	SS_R	1	$SS_R / 1$	MS_R/MS_E	SS_R/SS_T
잔차	SS_E	$n-2$	$SS_E/n-2$		
전체	SS_T	$n-1$			

회귀식의 통계적 유의성을 검정하기 위한 가설은

$$H_O : \beta_1 = 0 \ \ \text{혹은} \ \ R^2 = 0$$

이다. 따라서 검정통계량은 다음과 같다.

$$F = \frac{MS_R}{MS_E} = \ \sim F(1, \ n-2)$$

$$F = \frac{R^2/1}{(1-R^2)/(n-2)} = \frac{b^2}{\dfrac{s_{Y \cdot X}^2}{s_X^2(n-1)}} = t^2$$

$H_O : \beta_1 = 0$이 기각되었을 때 가능한 해석은 다음과 같다.

- X는 Y를 예측하는 데 유용한 정보를 제공한다.
- X와 Y 간에는 선형적인 관계가 포함되어 있다. 그러나 더 적합한 곡선모형이 존재할 수도 있다.

회귀식의 적합성을 판단하기 위한 또 다른 기준은 **결정계수**(determination coefficient)다. 이는 종속변수에 대한 독립변수의 설명력의 크기를 나타낸다. 즉, 종속변수의 총분산 중에서 회귀식으로 설명되는 분산 비율을 의미한다.

$$R^2 = \frac{SS_R}{SS_T} = 1 - \frac{SS_E}{SS_T}$$

결정계수의 값이 1에 가까울수록 독립변수의 설명력이 크고, 추정된 회귀식이 자료에 적합함을 의미한다.

3) 분석 실행

예 제

대학생들에게 GRE를 실시하였다. quantitative 점수는 verbal 점수에 유의한 영향을 미치는가?

(1) 회귀분석 대화상자열기

Analyses ▷ Regression ▷ Linear Regression

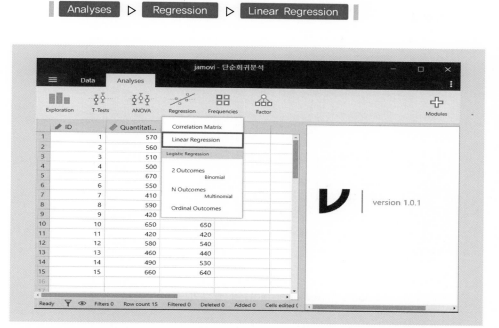

종속변수를 Dependent Variable에, 연속변수인 독립변수를 Covariates에 옮긴

다. 독립변수가 범주변수이면 Factors에 옮긴다.

(2) 가정점검

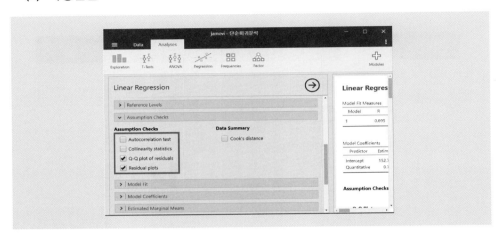

Q-Q plot of residuals와 Residual plots에 체크한다.

(3) 모형적합도

Model Fit을 선택한다.

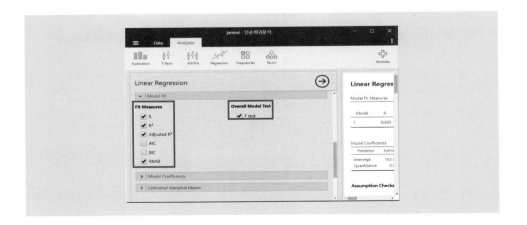

▐ Fit Measure ▐ R, R^2, 수정된 R^2, AIC, BIC, RMSE 제공

▐ Overall Model Test ▐ 간단한 분산분석표를 제공

(4) 모형계수

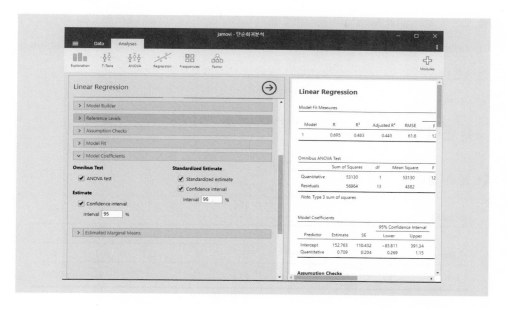

　Omnibus Test에서 ANOVA test에 체크하면 위 모형 적합도에서 간단히 알아본 분산분석표를 좀 더 자세하게 산출한다. Standardized Estimate에서 Standardized estimate와 Confidence interval에 체크하고 Estimate의 Confidence interval에도 체크한다.

(5) 추정된 주변평균

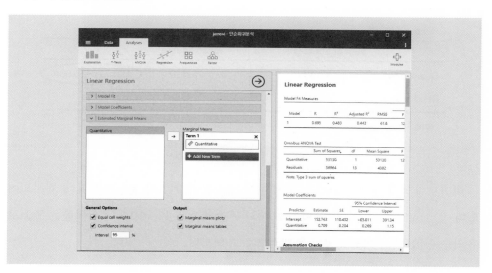

추정된 주변평균을 구하기 위해 Estimated Marginal Means를 열고 'Quatitative'를 오른쪽 Marginal Means의 Term1에 옮기고 General Options의 Equal cell weights와 Confidence interval 그리고 Output의 Marginal means plots와 Marginal means tables을 선택한다.

4) 분석 실행

▌ 분석 결과 1. 모형 요약

Model Fit Measures

					Overall Model Test			
Model	R	R^2	Adjusted R^2	RMSE	F	df1	df2	p
1	0.695	0.483	0.443	61.6	12.1	1	13	0.004

R은 두 변수의 상관계수고, R^2은 결정계수로 종속변수의 총변화량(총편차제곱합) 중 독립변수가 설명하는 정도를 나타내며, 두 변수의 상관계수를 제곱한 값이다.

▌ 분석 결과 2. 모형의 분산분석

Omnibus ANOVA Test

	Sum of Squares	df	Mean Square	F	p
Quantitative	53130	1	53130	12.1	0.004
Residuals	56964	13	4382		

Note. Type 3 sum of squares

회귀모형의 통계적 유의성을 검정하기 위한 통계값 F가 분산분석표에 제시되어 있다. Quantitative 점수가 포함된 모형의 F통계값은 12.1이며, 유의확률은 .004로 유의수준 .05에서 회귀모형이 통계적으로 유의하다고 할 수 있다.

분석 결과 3. 회귀계수

Model Coefficients

Predictor	Estimate	SE	95% Confidence Interval		t	p	Stand. Estimate	95% Confidence Interval	
			Lower	Upper				Lower	Upper
Intercept	152.763	110.432	−85.811	391.34	1.38	0.190			
Quantitative	0.709	0.204	0.269	1.15	3.48	0.004	0.695	NaN	NaN

Verbal 점수와 Quantitative 점수의 관계를 나타내는 직선(회귀선)의 식을 추정한 결과는 다음과 같다.

$$\text{verbal 점수} = 152.763 + .709(\text{quantitative 점수})$$

t는 회귀계수=0(독립변수와 종속변수 간에 아무런 선형관계가 없다)이라는 영가설에 대한 검정통계값으로, 회귀계수/표준오차로 계산된다. 앞의 결과에서 회귀계수가 통계적으로 유의한가를 검정하는 t 통계값의 유의확률은 .004로서 영가설이 기각되므로 유의수준 .05에서 회귀계수가 0이 아니라고 결론을 내린다.

5) 분석 결과 보고

verbal 점수에 대한 단순회귀분석 결과는 〈표 17-1〉과 같다.

〈표 17-1〉 verbal 점수에 대한 단순회귀분석 결과($n=15$)

독립변수	비표준화 계수		표준화 계수	t	유의확률
	B	표준오차			
quantitative	.709	.204	.695	3.48	.004
$R^2(\text{adj. } R^2)=.48(.44), \ F=12.1$					

quantitative 점수로 verbal 점수를 예측하는 모형의 통계적 유의성을 검정한 결과, F 통계값은 12.1, 유의확률은 .004로 quantitative 점수는 유의수준 .05에서

verbal 점수를 유의하게 설명하고 있으며($t=3.48$, $p=.004$), verbal 점수 총변화량의 48%(수정 결정계수에 의하면 44%)가 quantitative 점수에 의해 설명되고 있다. 회귀계수와 결정계수에 대한 영가설에 의하여 결론을 내리면 '유의수준 .05에서 회귀계수는 0이 아니다.' 혹은 '유의수준 .05에서 결정계수는 0이 아니다.'라고 한다.

3. 중다회귀분석

1) 사용 목적

사회과학 분야에서는 종속변수의 변화량에 대한 보다 설득력 있는 설명이나 예측을 위해 다수의 독립변수를 회귀모형에 포함시킨다. 이와 같이 여러 개의 독립변수를 회귀모형에 포함시킴으로써 종속변수에 가장 큰 영향을 미치는 변수가 무엇인지, 종속변수를 설명해 줄 수 있는 가장 적합한 모형이 무엇인지를 밝히는 통계적 방법을 **중다회귀분석**(multiple regression analysis)이라고 한다.

2) 기본 원리

(1) 모형

중다회귀모형의 선형식은 다음과 같다.

$$Y_i = \beta_0 + \beta_1 X_{1i} + \beta_2 X_{2i} + \cdots\cdots + \beta_k X_{ki} + \epsilon_i$$

β_k는 **비표준화 회귀계수**로서 회귀식의 부분기울기(partial slope)가 되며, 다른 독립변수들의 값을 고정시킨 상태에서 특정 독립변수 X_k의 값이 1단위 증가할 때 Y값의 변화량을 나타낸다. 비표준화 회귀계수는 독립변수들의 측정척도에 따라 달라지므로 종속변수에 대한 독립변수의 상대적인 기여도를 판단하는 데 적합하지

않다. 독립변수들의 측정척도가 다를 경우 각 변수의 상대적인 중요도에 대한 판단
은 회귀식에 포함되는 변수를 모두 Z 점수로 표준화하여 산출한 **표준화 회귀계수**
(Beta)에 근거한다.

(2) 회귀식의 유의성 검정

회귀식의 유의성을 검정하기 위한 가설은

$$H_O : \beta_1 = \beta_2 = \cdots\cdots = \beta_k = 0 \text{ 혹은 } R^2 = 0$$

로서 검정통계량은 다음과 같다.

$$F = \frac{R^2/k}{(1-R^2)/(n-k-1)} = \frac{MS_R}{MS_E}$$

중다회귀분석에서는 독립변수의 수가 많을수록 결정계수의 값이 증가하므로 결
정계수인 R^2를 자유도로 수정한 수정결정계수를 독립변수의 선택을 위한 기준으
로 사용한다.

$$R_{adj}^2 = R^2 - \frac{k(1-R^2)}{n-k-1}$$

(3) 변수 선택방법

최적의 회귀방정식을 구하기 위하여 회귀모형에 포함될 변수를 선택하는 방법으로
는 **입력방법**(enter method), **전진선택법**(forward selection method), **후진제거법**(backward
elimination method), **단계선택법**(stepwise selection method) 등이 있다.

- 입력방법: 연구자가 선택한 독립변수들이 회귀모형에 동시에 투입되는 것으로
  서 독립변수가 어떤 순서에 의해 투입되는 것이 아니라 한꺼번에 투입되어 회
  귀모형을 결정한다. 따라서 각각의 독립변수는 종속변수를 설명하는 방식에서
  다른 독립변수와 공통적으로 설명하는 부분(공통변량)을 제외하고, 각각의 고유

한 기여도만을 설명변량으로 갖는다.

- **전진선택법**: 독립변수를 하나도 포함하지 않은 회귀식에서 출발하여 연구자가 정한 기준에 따라 독립변수를 하나씩 회귀식에 추가하는 방법이다. 종속변수와 상관이 가장 높은 변수를 먼저 투입하고, 그 다음에는 먼저 투입된 독립변수와 조합하였을 때 결정계수의 값을 최대로 하는 변수를 선택하여 부분적 F검정을 실시한다. 이 방법에서는 한 번 선택된 변수는 모형에 남아 있게 되므로 어떤 독립변수를 먼저 선택하느냐에 따라 결정계수(R^2)의 값이 과대 추정될 수 있기 때문에 '최적'의 회귀식을 추정하지는 못한다.

- **후진제거법**: 모든 독립변수를 포함하여 모형을 추정한 후 종속변수를 설명하는 데 기여도가 가장 낮은 독립변수부터 모형에서 제거하고 재추정하여 기여도가 사전에 설정한 일정량보다 낮은 변수가 없을 때까지 계속 제거한 후, 남아 있는 변수로 최종 모형을 결정한다.

- **단계선택법**: 독립변수의 추가와 제거를 적절히 조합하여 최선의 회귀식을 도출하는 방법이다. 변수를 하나씩 추가해 나갈 때 이미 모형에 포함된 변수 각각에 대해 유의성을 검정하여 유의하지 않으면 제거하는 방법으로, 현재 가장 많이 사용하고 있다.

(4) 회귀모형의 가정과 회귀진단

모형과 자료의 적합성을 검토하는 것을 회귀진단이라고 하며, 회귀진단에서는 모형의 타당성과 개별 데이터의 영향 등을 고려한다. 회귀분석에서 기본적으로 검토해야 할 사항은 다음과 같다.

- 표본의 사례 수가 독립변수의 수보다 커야 한다(최소한 독립변수의 20배 이상).
- 중다회귀 방정식의 예측력을 높이기 위해서는 종속변수와 각 독립변수 사이의 상관은 높고 독립변수들 사이의 상관은 낮아야 한다. 독립변수들 사이의 다중공선성을 측정할 수 있는 통계량으로 공차(tolerance)와 분산팽창계수(variance inflation factor: VIF)가 있다. 공차는 하나의 독립변수를 다른 독립변수들로 예측할 수 없는 정도로서, 공차가 높으면 독립변수들 사이에 중복되는 정보가 적고 독립적임을 의미한다. 분산팽창지수는 공차의 역수로서 독립변수 X_k와 다른

독립변수들과의 상관에 의해 회귀계수 β_k의 표준오차가 증가하는 정도를 나타 낸다. β_k의 표준오차가 높으면 회귀계수의 추정치가 불안정하게 된다. 따라서 안정적인 회귀계수의 추정치를 얻기 위해서는 분산팽창지수는 낮고 공차는 높 아야 한다. 공차와 VIF 모두 1에 근접할 때 다중공선성이 없는 것으로 판단하 며, VIF의 경우 10 이상이 되면 다중공선성이 있는 것으로 간주한다.

- 잔차의 정규성, 선형성, 등분산성 및 상호 독립성이 만족되어야 한다. 잔차의 가 정에 대한 검정은 잔차의 산포도를 통해 확인할 수 있다. 이러한 가정이 충족되 면 분포된 점들은 표준점수 0을 중심으로 직사각형의 분포를 이루며, 가정이 충 족되지 못하면 한쪽으로 퍼지거나 몰리는 형태를 가지게 된다. 또한 jamovi에 서 제공하는 정규 확률 그래프에서 점들이 거의 직선상에 위치하면 정규분포 가정을 충족한다고 볼 수 있다. 잔차 간의 상호 독립성에 대한 가정은 Durbin-Watson의 통계값으로 판단할 수 있다. Durbin-Watson 통계값이 0에 가까우 면 양의 상관관계, 4에 가까우면 음의 상관관계가 존재하는 것이며, 2에 근접할 때 상호 독립적이라고 할 수 있다.

- 회귀식에 크게 영향을 미치는 이상점이 있는지를 진단하여야 한다. 이상점은 잔차의 산점도를 통해 쉽게 발견할 수 있으며 표준화 잔차(ZRESID)와 스튜던트 화 잔차(SRESID), Leverage value, Mahalanobis의 거리, Cook의 통계량 등을 통 해서도 확인할 수 있다. 이상점이 발견되면 그 영향을 제거하기 위해 극단값을 포함한 사례 또는 극단값을 포함한 변수를 제외할 수 있으며 점수 분포가 정상 성을 이루도록 자료를 적절히 변환시키는 등의 조치를 취할 수 있다. 그러나 이 상점이 일반적으로 간과하기 쉬운 자료의 특성에 기인하는 것이라면, 분석 대 상에 대한 중요한 정보의 실마리를 제공할 수도 있기 때문에 자료를 제외하거 나 변형할 때 매우 세심한 주의가 필요하다. 이상점이 모집단의 특성을 적절히 나타내는 것이라면 그대로 포함시키는 것이 오히려 바람직할 경우도 있다.

3) 분석 실행

예 제

특정 제품에 대한 소비자의 만족도에 영향을 미치는 요인을 알아보고자 한다. 독립변수로 상품의 질, 제품의 가격, 서비스, 회사 인지도를 선택하였다. 각각의 독립변수의 통계적 유의성을 분석하였을 때, 모든 독립변수는 유의한 영향을 미치는가?

중다회귀분석 분석을 위해 jamovi 기본 제공 분석 메뉴인 Analyses ▷ Regression ▷ Linear Regression 의 프로시저를 이용하는 방법은 다음과 같다.

(1) 기술통계분석

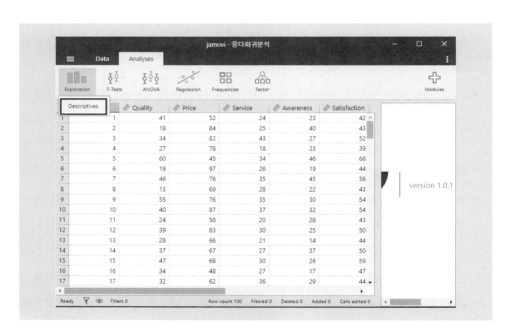

(2) 회귀분석 대화상자 열기

Analyses ▷ Regression ▷ Linear Regression

선형 회귀분석 대화상자에서 종속변수를 Dependent Variable에, 독립변수 'Quality', 'Price', 'Service', 'Awareness'를 Covariates에 옮긴다.

(3) 모형 대화상자 열기

Model Builder메뉴를 클릭한다.

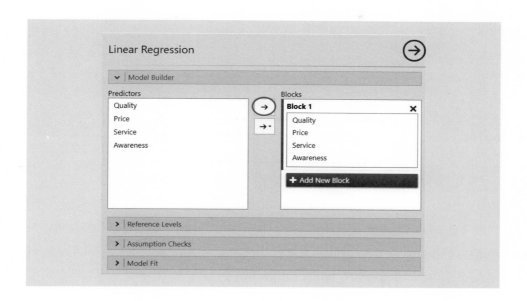

jamovi는 예측변수의 투입을 자동으로 제공하지 않으며 연구자가 설정할 수 있도록 한다. Model Builder메뉴를 사용하여 먼저 4개 변수를 모두 하나의 블록에 옮기고 변수의 모형에서의 유의성을 따져 본다. 이 방법은 변수투입방법의 '입력법(Enter selection)'이다. 또한 변수 간 상호작용항을 설정하고 투입할 때도 Model Builder메뉴에서 설정한다. Predictors창에서 Blocks창으로 변수를 옮기는 두 개의 화살표 가운데 아래 화살표를 누르면 주효과와 상호작용항을 설정하는 방식을 정하도록 되어 있다. 여기서는 상호작용항을 설정하지 않고 각 예측변수의 주효과만을 확인한다.

Linear Regression

Model Fit Measures

Model	R	R²
1	0.758	0.574

Model Coefficients

Predictor	Estimate	SE	t	p
Intercept	25.9133	4.1794	6.20	< .001
Quality	0.2272	0.0667	3.41	< .001
Price	−0.0756	0.0447	−1.69	0.094
Service	0.3957	0.1044	3.79	< .001
Awareness	0.2831	0.0781	3.62	< .001

예측변수의 회귀계수 확인 결과 'Price'가 유의하지 않은 것으로 나타났다. 따라서 만족도에 유의한 영향을 미치는 예측변수(Quality, Service, Awareness)만 가지고 이 예측변수들의 영향력이 어느 정도인지 확인한다.

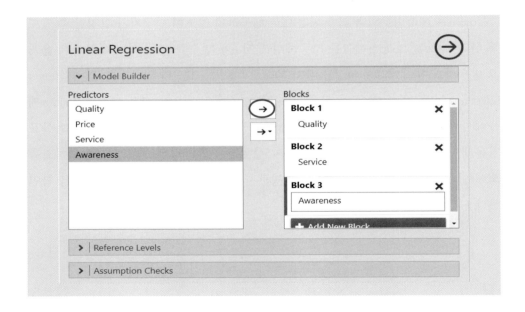

Model Builder 메뉴를 열고 왼쪽의 예측변수인 'Predictors'를 오른쪽의 Blocks에 마우스로 끌어 옮기거나 위쪽 화살표를 이용해 옮긴다. 먼저 Block 1에 'Quality'를

끌어 옮긴다. Add New Block를 눌러 Block 2를 만들고 'Service'를 옮긴다. 같은 방법으로 Block 3에 'Awareness'를 옮긴다. 이렇게 하나의 변수를 하나의 블록에 설정하면, 각 변수를 하나씩 추가할 때마다 단계적으로 모형의 유의성을 확인할 수 있다. 이 방법은 예측변수 투입 방식 중 전진법(Forward selection)이다.

예측변수 중 범주형 변수가 있었다면 Reference Levels에서 범주의 기준을 정해준다.

(4) 가정점검

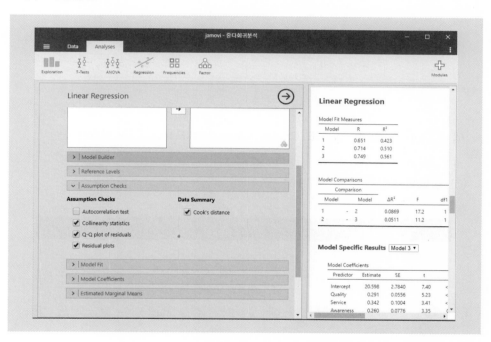

한 독립변수가 다른 독립변수와 선형관계를 가지고 있는 경우 발생하는 공선성의 문제를 검정하기 위해 Collinearity statistics에 체크하고 정규성 검정을 위해 Q-Q plot of residuals와 Residual plots에 체크한다.

(5) 모형적합도 점검

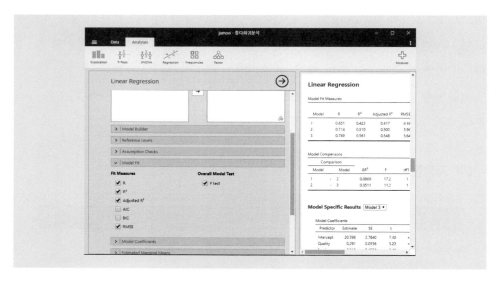

R, R^2, Adjusted R^2, RMSE, Overall Model Test(F test) 등을 체크한다.

(6) 모형회귀계수

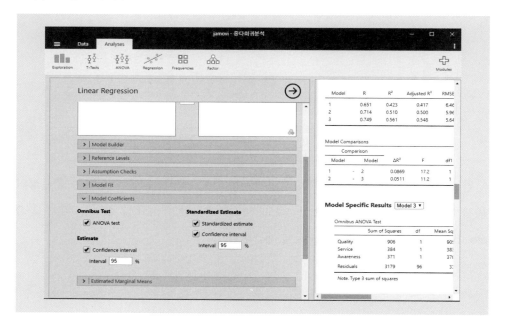

Omnibus Test에서 ANOVA test에 체크하면 위 모형 적합도에서 간단히 알아본

분산분석표를 좀 더 자세하게 산출한다. Standardized Estimate에서 Standardized estimate와 Confidence interval에 체크하고 Estimate의 Confidence interval에도 체크한다.

4) 분석 결과

만족도를 설명하기 위한 독립변수로 상품의 질과 서비스, 제품 가격, 기업인지도를 투입한 결과, 제품 가격은 제외하고 그 외 세 변수가 모형에 포함시켰다.

▪ 분석 결과 1. 회귀모형 요약

Model Fit Measures

Model	R	R^2	Adjusted R^2	RMSE	Overall Model Test			
					F	df1	df2	p
1	0.651	0.423	0.417	6.46	71.9	1	98	< .001
2	0.714	0.510	0.500	5.96	50.5	2	97	< .001
3	0.749	0.561	0.548	5.64	40.9	3	96	< .001

Model Comparisons

Comparison						
Model	Model	ΔR^2	F	df1	df2	p
1	- 2	0.0869	17.2	1	97	< .001
2	- 3	0.0511	11.2	1	96	0.001

Model Fit Measures에서는 각 단계에 따른 회귀모형의 설명량과 그에 대한 유의확률 및 각 단계에서 투입된 독립변수의 상대적 기여도를 나타내는 **R 제곱 변화량**과 그에 대한 유의확률이 제시된다. 상품의 질만 포함되었을 때 결정계수는 .423으로서 상품의 질은 만족도 변화량의 42.3%를 설명해 준다. 이때의 회귀모형은 유의수준 .01에서 통계적으로 유의하다. 여기에 서비스가 추가되면 R 제곱은 .087만큼 증가되어 .510으로서 유의수준 .01에서 통계적으로 유의한 모형이 된다. 마지막으로 기업인지도가 추가되면 R 제곱은 .051만큼 증가되어 .561로서, 회귀모형은 유

의수준 .01에서 통계적으로 유의하다. 상품의 질과 서비스, 기업인지도는 만족도 총변화량(SS_T)의 약 56.1%를 설명해 준다.

결정계수는 독립변수의 수가 많을수록 커지는 경향이 있으므로 사례 수가 많지 않을 경우 무선오차의 영향을 고려한 수정된 결정계수로 해석하는 것이 더 정확하다.

■ 분석 결과 2. 회귀모형에 대한 분산분석표

Model Specific Results Model 3 ▼

Omnibus ANOVA Test

	Sum of Squares	df	Mean Square	F	p
Quality	906	1	905.8	27.4	< .001
Service	384	1	383.9	11.6	< .001
Awareness	371	1	370.7	11.2	0.001
Residuals	3179	96	33.1		

Note. Type 3 sum of squares

회귀모형에서 개별변수의 투입에 따른 통계적 유의성을 검정하기 위한 F 통계값이 분산분석표에 제시되어 있다. 상품의 질, 서비스, 기업인지도의 세 변수가 모두 투입된 최종 모형의 F 통계값은 분석결과 1과 같이 40.9이며, 유의확률은 < .001으로서 유의수준 .01에서 회귀모형이 통계적으로 유의하다고 할 수 있다.

■ 분석 결과 3. 회귀계수

Model Coefficients

Predictor	Estimate	SE	95% Confidence Interval		t	p	Stand. Estimate	95% Confidence Interval	
			Lower	Upper				Lower	Upper
Intercept	20.598	2.7840	15.072	26.124	7.40	< .001			
Quality	0.291	0.0556	0.180	0.401	5.23	< .001	0.449	0.2785	0.619
Service	0.342	0.1004	0.143	0.541	3.41	< .001	0.300	0.1252	0.475
Awareness	0.260	0.0776	0.106	0.414	3.35	0.001	0.234	0.0952	0.373

만족도를 설명하는 독립변수가 단계적으로 선택되어 모형 3까지 도출되었으며, 그 관계를 나타내는 직선(회귀선)의 식을 추정한 결과는 다음과 같다.

> 만족도 = 20.598 + .291(상품의 질) + .342(서비스) + .260(기업인지도)

이 식에서 .291, .342, .260 등을 **회귀계수**, .449, .300, .234는 각 변수를 표준화하였을 때 회귀식의 회귀계수를 **표준화 회귀계수**라고 한다.

t 통계값은 $\beta_k = 0$(독립변수와 종속변수 간에 아무런 선형관계가 없다)이라는 영가설에 대한 검정통계값으로서 회귀계수/표준오차로 계산한다. 이 결과에서 회귀계수가 통계적으로 유의한가를 검정하는 t 통계값의 유의확률이 $p < .01$으로서 영가설이 기각되어 회귀계수가 유의하다고 할 수 있다.

▪ 분석 결과 4. 가정점검

Data Summary

Cook's Distance

	Mean	Median	SD	Range	
				Min	Max
	0.0111	0.00482	0.0216	2.08e-7	0.147

Assumption Checks

Collinearity Statistics

	VIF	Tolerance
Quality	1.61	0.620
Service	1.70	0.588
Awareness	1.07	0.934

Q-Q Plot

Residuals Plots

독립변수 간의 다중공선성을 진단하기 위한 VIF는 상품의 질 1.61, 서비스 1.70, 기업인지도 1.07로서 독립변수 간의 상관이 문제가 될 정도로 높지는 않음을 알 수 있다.

도출된 회귀식에 의하면 상품의 질, 서비스, 기업인지도가 0인 경우, 만족도의 평균이 20.598이며, 다른 두 독립변수가 동일할 때 상품의 질이 1점 증가하면 만족도가 평균적으로 .291점 증가하고, 서비스가 1점 증가하면 만족도가 평균적으로 .342점 증가하며, 기업인지도가 1점 증가하면 만족도가 평균 .260점 증가할 것임을 예측할 수 있다.

Q-Q plot은 대각선으로 표시된 점선에 일치할수록 잔차가 정규분포함을 나타낸다.

⫶ 분석 결과 5. 회귀식에서 제외된 변수

입력법으로 검정한 모형에서 영향력이 유의하지 않은 '제품가격'이 제외되었다.

블록 설정을 통해 단계적으로 '상품의 질'만 추가한 모형 1, '서비스'를 추가한 모형 2, 모형 3에서는 '기업인지도'가 추가됨으로써, 결과적으로 최종모형은 '제품 가격'을 제외한 '상품의 질, 서비스, 기업인지도'로 구성되었다. 방법만으로 보면 전진법과 같지만, 만약 모형 2나 3에서 변수가 통계적으로 유의하지 않았다면 연구자가 제거할 수 있다.

5) 분석 결과 보고

제품 만족도에 대한 중다회귀분석의 분산분석표는 〈표 17-2〉와 같다.

〈표 17-2〉 회귀모형에 대한 분산분석표($n=100$)

	제곱합	자유도	평균제곱	F	유의확률
선형회귀분석	4068	3	1355.92	40.9	<.001
잔차	3179	96	33.11		
합계	7247	99			
R^2(adj. R^2)$=$.561(.548)					

　네 개의 독립변수로 소비자들의 제품에 대한 만족도를 측정하는 모형에 대한 통계적 유의성 검정결과, 제품 가격은 유의하지 않아 제외되었고, 그 외 상품의 질, 서비스, 기업인지도가 포함된 모형의 F 통계값은 40.9, 유의확률은 <.001으로 모형에 포함된 독립변수는 유의수준 .05에서 제품에 대한 만족도를 유의하게 설명하고 있으며, 만족도 총변화량의 56.1%(수정 결정계수에 의하면 54.8%)가 모형에 포함된 독립변수에 의해 설명되고 있다.

〈표 17-3〉 제품 만족도에 대한 중다회귀분석($n=100$)

독립변수	비표준화 계수		표준화 계수	t	유의확률
	B	표준오차			
상품의 질	.29	.06	.45	5.23	<.001
서비스	.34	.10	.30	3.41	<.001
기업인지도	.26	.08	.23	3.35	.001
(상수)	20.60	2.78		7.40	<.001

　개별 독립변수의 종속변수에 대한 기여도와 통계적 유의성을 검정한 결과, 유의수준 .05에서 만족도에 유의하게 영향을 미치는 독립변수는 상품의 질($t=5.23$, $p<.001$), 서비스($t=3.41$, $p<.001$), 기업에 대한 인지도($t=3.35$, $p=.001$)이며, 독립변수의 상대적 기여도를 나타내는 표준화 계수에 의하면 상품의 질, 서비스, 기업인지도의 순으로 만족도에 영향을 미치고 있다.

제**18**장 로지스틱 회귀분석

로지스틱 회귀분석은 회귀분석과 개념적으로 동일하다. 다만, 종속변수가 양적변수가 아니라 이분변수라는 점만이 다르다. 회귀분석이 종속변수가 양적변수일 때 종속변수에 영향을 주는 변수를 찾아내는 방법이라면, 로지스틱 회귀분석(logistic regression)은 종속변수가 두 집단으로 나뉜 이분변수일 때 사용하는 통계적 방법이다.

1. 기본 가정

로지스틱 회귀분석은 주로 다음과 같은 경우에 사용한다.

- 종속변수가 이분변수로서 이항분포를 따른다.
- 종속변수가 정규분포 가정을 충족하지 못한다.
- 두 모집단 간의 등분산 가정을 충족하지 못한다.

2. 사용 목적

　로지스틱 회귀분석은 종속변수가 성공/실패, 합격/불합격, 물건 구입 집단/구입 하지 않는 집단과 같은 이분변수일 때 종속변수와 독립변수의 인과관계를 추정하는 통계적 모형이다. 그러므로 로지스틱 회귀분석은 두 집단 판별분석과 유사하지만, 판별분석은 분석자료가 판별분석을 위한 기본 가정을 충족하는 경우로 제한되는 반면, 로지스틱 회귀분석은 별도의 기본 가정이 필요하지 않아 분석자료의 특성에 제한되지 않는다.

 3. 기본 원리

　로지스틱 회귀분석의 등식은 다음과 같다.

$$\frac{P}{1-P} = e^{B_0 + B_1 X_1 + B_2 X_2 + \cdots + B_K X_K}$$

　이 등식의 앞부분을 **승산비**(odd ratio)라고 하는데, 이는 어떤 사건이 발생하지 않을 확률에 대한 발생할 확률의 비율을 나타낸다. 그리고 B_1, B_2, ……, B_k를 **로지스틱 회귀계수**라 한다. 앞의 등식 양변에 자연로그를 취하면 다음과 같은 로짓모형으로 변환되며, 이를 통해 독립변수에 대한 **선형적 관계**가 성립된다.

$$\ln \frac{P}{1-P} = B_0 + B_1 X_1 + B_2 X_2 + \cdots\cdots + B_K X_K$$

　회귀계수의 추정에 있어 선형 회귀분석에서는 최소자승법을 통하여 잔차를 최소화하는 값을 찾지만, 로지스틱 회귀분석에서는 **최대우도추정법**을 통하여 사건이 일어날 가능성(likelihood)을 최대화하는 값을 찾는다. 이때 추정된 회귀계수 B_k는 다른 독립변수의 수준을 통제하였을 때, 해당 독립변수(X_k)를 한 단위 증가시키면 어떤 사건이 발생할 확률이 발생하지 않을 확률보다 $\exp(B_k)$만큼 증가한다는 것을 의미한다. 로지스틱 회귀계수에 대한 검정은 Wald 통계값(Z)을 이용하는데, 이는 회귀분석에서 t 검정을 하는 것과 유사하다. 최적합 모형을 찾기 위하여 회귀분석과 같이 전진선택법(Forward selection), 입력법(Enter selection) 등의 방법을 사용한다.

4. 분석 실행

┌─ 예 제 ─┐

A 대학교의 입학사정을 위한 주요 전형 요소인 학생부 성적, 논술 점수, 수능 점수 중 학생들의 합격 여부에 유의한 영향을 미치는 독립변수는 무엇인가? 또 그중에서 가장 많은 영향을 미치는 독립변수는 무엇인가?

(1) 기술통계 분석

Analyses ▷ Exploration ▷ Descriptives

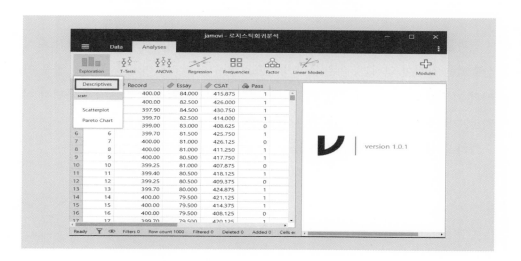

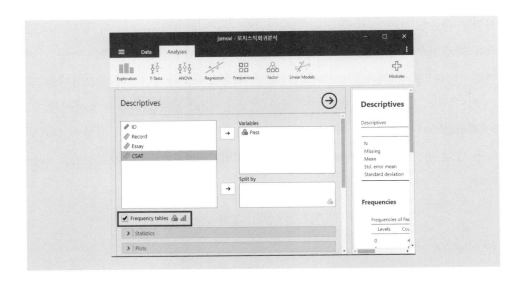

먼저 범주 변수인 'Pass'만 Variables 변수 창에 옮기고, Frequency tables에 체크한다.

Frequencies

Frequencies of Pass

Levels	Counts	% of Total	Cumulative %
Fail	472	47.2 %	47.2 %
Pass	528	52.8 %	100.0 %

결과를 확인하고 미리 저장해 놓는다. jamovi는 분석실행과 동시에 결과가 즉시 산출되는 장점이 있지만, 같은 분석 방법으로 변수를 달리하며 연속 분석할 경우 이전의 기록이 남지 않는다는 단점이 있다. 따라서 지금처럼 변수를 변경해 가면서 여러 번 기술통계를 실행할 경우 결과산출 때마다 저장하도록 한다.

그다음 연속변수인 'Record', 'Essay', 'CSAT'를 Variables 변수 창에 옮긴다.

Statistics를 열고 기본값인 N, Missing을 유지하면서 Central Tendency의 Mean과 Dispersion의 Std.deviation, S.E. Mean에 체크한다.

Descriptives

Descriptives

	Record	Essay	CSAT
N	1000	1000	1000
Missing	0	0	0
Mean	398	73.2	420
Std. error mean	0.107	0.153	0.801
Standard deviation	3.38	4.83	25.3

Split by에 'Pass'를 옮기고 앞서 설정한 Statistics 선택들을 유지하여 개별 변수의 기술통계량을 확인한다.

Descriptives

		Record	Essay	CSAT
	Pass			
N	Fail	472	472	472
	Pass	528	528	528
Missing	Fail	0	0	0
	Pass	0	0	0
Mean	Fail	397	71.3	409
	Pass	399	74.9	430
Std. error mean	Fail	0.204	0.236	1.49
	Pass	0.0610	0.167	0.390
Standard deviation	Fail	4.44	5.13	32.4
	Pass	1.40	3.84	8.96

(2) 로지스틱 회귀분석 대화상자 열기

Analyses ▷ Regression ▷ Logistic Regression ▷ 2 Outcomes Binomial

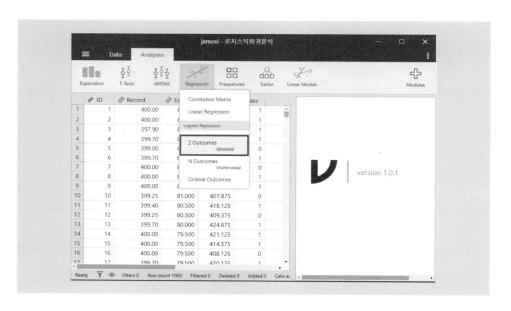

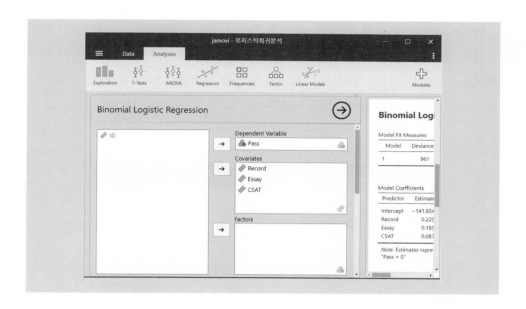

Dependent Variable에 이분변수인 종속변수 'Pass'를, Covariates에 연속변수인
독립변수 'Record', 'Eassay', 'CSAT'를 옮긴다. 만약 독립변수 중 범주변수가 있다면
Factors에 입력한다.

(3) 모형 대화상자 열기

Model Builder를 클릭한다.

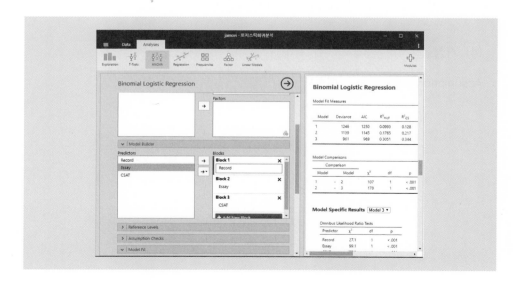

Model Builder를 열면 Predictors의 세 변수가 오른쪽 Blocks에서 Block1에 모두 들어가 있는 것을 확인할 수 있다. 이는 앞의 중다회귀분석에서도 설명했듯이 입력법(Enter)으로 분석하는 방법이다. 전진법 분석을 위해 Add New Block을 클릭하여 변수를 하나씩 추가해가는 방법을 사용한다.

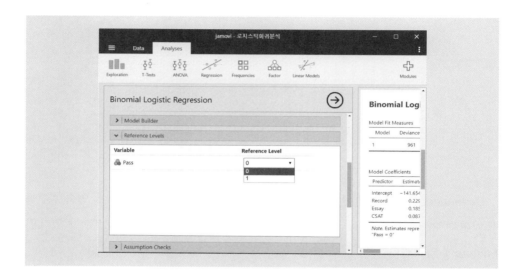

Reference Levels를 열면 범주 변수인 'Pass'의 참조집단을 정할 수 있다. jamovi 기본값은 낮은 숫자로 '0'과 '1' 중 '0'으로 설정되어 있다. 만약 '1'을 참조집단으로 하고 싶다면 변경할 수 있으며 해석은 그에 따라 달라지게 된다.

(4) 가정점검

Assumption Checks를 클릭한다.

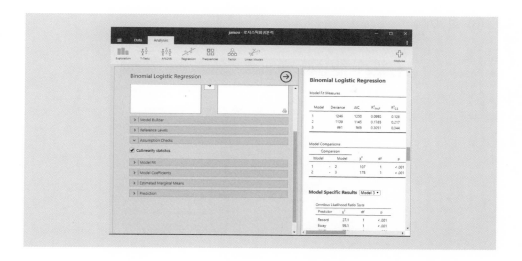

다중공선성 확인을 위해 Collinearity statistics에 체크한다.

(5) 모형적합도

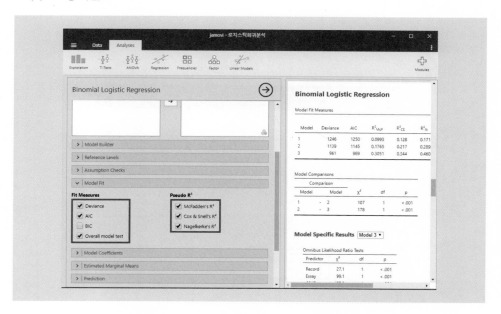

Model Fit을 열고 유사 설명력('Pseudo R^2')에 모두 체크한다.

(6) 회귀계수

Model Coefficients를 열고 Omnibus Tests의 Likelihood ratio tests, Odds Ratio에서 Odds ratio에 체크한다.

(7) 예측

Prediction을 열고 Predictive Measures의 Classification table, Accuracy에 체크한다.

5. 분석 결과

▷▶ 분석 결과 1. 기술통계

Descriptives

	Record	Essay	CSAT
N	1000	1000	1000
Missing	0	0	0
Mean	398	73.2	420
Std. error mean	0.107	0.153	0.801
Standard deviation	3.38	4.83	25.3

Descriptives

	Pass	Record	Essay	CSAT
N	Fail	472	472	472
	Pass	528	528	528
Missing	Fail	0	0	0
	Pass	0	0	0
Mean	Fail	397	71.3	409
	Pass	399	74.9	430
Std. error mean	Fail	0.204	0.236	1.49
	Pass	0.0610	0.167	0.390
Standard deviation	Fail	4.44	5.13	32.4
	Pass	1.40	3.84	8.96

분석 결과 2. 분류정확도

Classification Table – Pass

Observed	Predicted		% Correct
	Fail	Pass	
Fail	346	126	73.3
Pass	72	456	86.4

Note. The cut-off value is set to 0.5

모든 케이스를 보다 큰 집단에 분류한다. 따라서 분류의 정확도는 언제나 50% 이상이 된다.

분석 결과 3. 모형계수 전체 테스트와 모형 요약

Model Fit Measures

Model	Deviance	AIC	R^2_{McF}	R^2_{CS}	R^2_N	Overall Model Test		
						χ^2	df	p
1	1246	1250	0.0993	0.128	0.171	137	1	< .001
2	1139	1145	0.1765	0.217	0.289	244	2	< .001
3	961	969	0.3051	0.344	0.460	422	3	< .001

Model Comparisons

Comparison		χ^2	df	p
Model	Model			
1	- 2	107	1	< .001
2	- 3	178	1	< .001

Model Specific Results | Model 3 ▼ |

Omnibus Likelihood Ratio Tests

Predictor	χ^2	df	p
Record	27.1	1	< .001
Essay	99.1	1	< .001
CSAT	177.9	1	< .001

　　이 표에서 카이제곱 통계값은 독립변수의 추가에 따른 −2LL의 차이를 나타내는 것으로, 단계에서는 이전 단계와 현 단계의 −2LL의 차이를, 블록에서는 여러 개의 블록을 설정하였을 때 이전 블록과 현 블록의 −2LL의 차이를 나타내며, 모형에서는 상수항(절편)만을 포함하는 기초 모형과 3개의 독립변수를 포함하고 있는 모형과의 −2LL의 차이를 나타낸다. 앞에서 이전 단계와 이전 블록은 모두 상수항(절편)만을 포함하고 있는 기초 모형이며, 이 때의 카이제곱 통계값은 기초모형과 연구모형과의 차이를 나타내고, 자유도 3은 추정되는 미지수의 차이를 나타낸다.

　　앞에서 모형의 적합도를 나타내는 카이제곱 통계값은 422, 유의확률은 <.001로서 "모든 독립변수의 회귀계수가 0이다."라는 영가설을 기각한다. 따라서 유의수준 .05에서 세 변수 중 하나라도 유의한 변수가 포함되어 있음을 알 수 있다.

　　Cox와 Snell의 R제곱(R_{CS}^2)과 Nagelkerke의 R제곱(R_N^2)은 로그우도함수값을 이용해 계산한 결정계수로 오차의 등분산성 가정이 충족되지 않는 로지스틱 회귀분석에서는 종속변수의 값에 따라 결정계수의 값이 달라지고, 그 값도 대체로 낮은 경향이 있으므로 이에 많은 의미를 둘 필요는 없다.

⋮ 분석 결과 4. 분류의 정확도

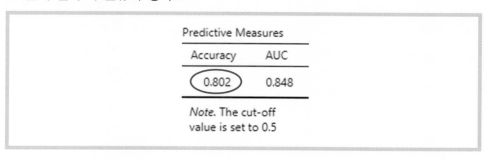

　　설정된 모형에 의해 합격자와 불합격자를 분류하면 전체의 80.2%가 정확하게 분류됨을 알 수 있다.

분석 결과 5. 산출된 회귀식

Model Coefficients

Predictor	Estimate	SE	Z	p	Odds ratio
Intercept	− 141.6548	18.87876	−7.50	< .001	3.02e−62
Record	0.2291	0.04666	4.91	< .001	1.26
Essay	0.1853	0.02076	8.92	< .001	1.20
CSAT	0.0870	0.00799	10.89	< .001	1.09

Note. Estimates represent the log odds of "Pass = 1" vs. "Pass = 0"

산출된 로지스틱 회귀모형식은 다음과 같다.

$$\frac{P}{1-P} = e^{B_0 + B_1 X_1 + B_2 X_2 + B_3 X_3} \qquad P_i = 합격할\ 확률$$

$$\ln\frac{P_i}{1-P_i} = \hat{\log} y\,(합격)$$

$$\ln\frac{p}{1-p} = \hat{\log} y\,(합격) = -141.655 + .229\,(학생부) + .185\,(논술) + .087\,(수능)$$

그러므로 다음과 같은 식을 통하여 로지스틱 회귀분석에 의한 합격 확률을 계산할 수 있다. 학생부, 논술, 수능 점수가 모두 높을수록 합격할 확률이 높아지며, 합격 여부에 대한 영향력은 학생부가 가장 크고, 그다음은 논술, 수능의 순서임을 알 수 있다.

$$\hat{P}_{합격} = \frac{1}{1 + e^{-[-141.655 + .229\,(학생부) + .185\,(논술) + .087\,(수능)]}}$$

유의수준 .05에서 각 독립변수의 회귀계수에 대한 유의확률은 학생부, 논술, 수능 모두 $p<.001$이므로, 유의수준 .05에서 합격률에 미치는 영향력이 통계적으로 유의하다.

6. 분석 결과 보고

학생부와 논술 점수 및 수능 점수 성적의 기술통계는 〈표 18-1〉과 같다.

〈표 18-1〉학생부, 논술 점수, 수능 점수 성적의 기술통계

		학생부	논술	수능
불합격 (n = 472)	평균	397	71.3	409
	표준편차	4.44	5.13	32.4
합격 (n = 528)	평균	399	74.9	430
	표준편차	1.40	3.84	8.96
전체 (n = 1,000)	평균	398	73.2	420
	표준편차	3.38	4.83	25.3

합격자들의 학생부 성적 평균과 표준편차는 399, 1.40이고, 논술 점수의 평균과 표준편차는 74.9, 3.84이며, 수능 점수의 평균과 표준편차는 430, 8.96이다. 한편, 불합격자들의 학생부 성적 평균과 표준편차는 397, 4.44이고, 논술 점수의 평균과 표준편차는 71.3, 5.13이며, 수능 점수의 평균과 표준편차는 409, 32.4이다.

학생부 성적, 논술 점수 및 수능 점수를 독립변수로 하는 모형에 대한 통계적 유의성 및 집단 분류의 정확도를 로지스틱 회귀분석으로 분석한 결과는 〈표 18-2〉와 같다.

〈표 18-2〉모형검정 및 합격 여부 분류의 정확도

		예측값			정확도
		불합격	합격	전체	
관찰값	불합격	346	126	472	73.3%
	합격	72	456	528	86.4%
	전체	418	582	1000	80.2%

$-2LL = 961$,
χ^2(절편모형−이론모형)$= 422(df = 3,\ p < .001)$, Nagelkerke $R^2 = .460$

모형에 포함된 모든 독립변수의 회귀계수가 0인지에 대한 가설검정결과, 절편만을 포함하고 있는 모형의 −2LL(Deviance)과 연구자가 설정한 이론 모형의 −2LL의

차이를 나타내는 χ^2값은 422, 이에 따른 유의확률은 .000으로서 학생부 성적, 수능 점수, 논술 점수에 의해 합격 여부를 예측하는 모형은 유의수준 .05에서 통계적으로 유의하다. 합격자와 불합격자에 대한 관찰치와 예측치 간의 차이를 보면 합격자의 경우 86.4%, 불합격자의 경우 전체의 73.3%가 정확히 분류되어 전체적으로는 80.2%의 높은 정확도를 나타낸다.

합격 여부에 대한 개별 독립변수들의 통계적 유의성을 분석한 결과는 〈표 18-3〉과 같다.

〈표 18-3〉 대입 합격 여부에 대한 로지스틱 회귀분석 결과

	회귀계수	표준오차	Z	유의확률	Exp(B)(Odds ratio)
학생부 성적	.23	.05	4.91	<.001	1.26
논술 점수	.19	.02	8.92	<.001	1.20
수능 점수	.09	.01	10.89	<.001	1.09
상수	-141.66	18.88	-7.50	<.001	.00

학생부 성적($Z=4.91$, $p<.001$)과 논술 점수($Z=8.92$, $p<.001$), 수능 점수($Z=10.89$, $p<.001$) 모두 유의수준 .05에서 대입 합격 여부에 유의하게 영향을 미치고 있는 것으로 분석되었다. 로지스틱 회귀분석에 의해 도출된 회귀식은 다음과 같다.

Logit(합격) = -141.66 + .23(학생부 성적) + .19(논술 점수) + .09(수능 점수)

로지스틱 회귀분석에서 회귀계수(B)는 다른 독립변수들의 값을 일정하게 하였을 때 독립변수의 값이 1단위 증가하면 대학에 합격할 확률이 합격하지 않을 확률보다 e^B만큼 증가함을 의미한다. 따라서 다른 독립변수들의 점수가 동일하다고 할 때 각 독립변수에서 1점 높은 점수를 받은 학생은 대학에 합격할 확률이 합격하지 않을 확률보다 학생부에서는 $e^{.229}=1.26$배, 논술고사에서는 $e^{.185}=1.20$배, 수능시험에서는 $e^{.087}=1.09$배 정도 높아진다고 예측할 수 있다.

e는 자연 상수(natural constant)로서 2.718의 값을 가지며 $e^{.23}$은 $(2.718)^{.23}$으로 1.26이다.

제**6**부

모형추정

제19장　다층모형분석

제**19**장 다층모형분석

   다층모형은 특정 수준에서 측정된 변수가 상위수준에 내재되어 있는 위계적 구조를 가진 자료의 분석을 위한 통계적 방법이다. 다층모형 내에서 개인수준 변수와 집단수준 변수 간의 분산을 구분하는 것이 가능하며, 각 수준에서 종속변수에 대한 독립변수의 설명력과 예측력, 상호작용을 확인할 수 있다. 또한 종단자료(longitudinal data)나 반복 측정된 자료의 분석에도 적용할 수 있다.

1. 기본 가정

   다층모형은 다음 다섯 가지 **가정**을 가지며, 1수준과 2수준 모두에서 만족되어야 한다.

   ① 1수준의 잔차는 상호 독립적이고, 평균은 0이며, 정규분포를 갖는다.
   ② 1수준 독립변수는 1수준의 잔차와 독립적이어야 한다.
   ③ 2수준 잔차의 평균은 0이고, 각 집단의 분산-공분산은 다변량 정규분포를 갖는다.
   ④ 2수준 독립변수는 2수준의 잔차와 독립적이어야 한다.
   ⑤ 1수준의 잔차와 2수준의 잔차는 서로 독립적이어야 한다.

2. 사용 목적

다층 자료를 분석할 때, 자료의 구조가 고려되지 않는 통계 방법으로 분석할 경우 다음과 같은 **문제점**을 갖는다(Raudenbush & Bryke, 2002).

첫째, 분석의 단위(unit of analysis) 문제다. 다층자료를 단층자료 분석 방법으로 분석할 경우 연구자는 하나의 수준으로 분석의 단위를 선택해야 하기 때문에 자료를 분해(disaggregation)하거나 통합(aggregation)해야 한다. 집단수준 변수를 개인수준으로 분해할 경우 상관관계를 간과하여 관찰단위의 독립성을 어기게 되고, 사례수를 부적절하게 증가시킴에 따라 표준오차가 과소 추정된다. 반면 자료를 통합하여 집단수준으로 분석할 경우 사례수가 줄어들면서 개별 학생 특성 간의 영향 관계를 파악할 수 없다.

둘째, 집단별 회귀계수의 비동일성 및 층위 간 상호작용(Cross-Level Interaction)**과 관련된** 문제다. 단층분석은 각 독립변수가 개인의 특성에 미치는 영향력의 크기가 모두 동일하다고 가정하기 때문에, 이때 추정되는 모수들은 고정효과 모수다. 그러나 개인이 속한 집단에 따라 종속변수에 미치는 독립변수의 영향력은 달라질 수 있다. 또한 집단이 개인에게 미치는 영향은 집단과 개인에 따라 다를 수 있으며, 이것은 집단수준 변수와 개인수준 변수 간의 층위 간 상호작용 여부에 의한다. 따라서 독립변수의 영향력이나 집단수준 변수의 효과가 모든 개인에게 동일하지 않을 때, 단층자료 분석은 자료의 특성을 반영하지 못한다.

셋째, 공상관 요인(Confounding Factors)**과 신뢰도 추정** 문제다. 공상관 요인은 집단수준 변수와 개인수준 변수가 모두 종속변수와 관련을 가지는 경우 두 수준 모두에서 존재한다. 예를 들어, 학교의 평균적 사회적 · 경제적 지위와 각 학생의 사회적 · 경제적 지위는 모두 학업성취도에 영향을 줄 수 있다. 이러한 경우 개인수준의 변수와 집단수준의 변수 모두를 모형에 포함하여 통제해야 한다. 또한 신뢰도는 각 분석수준별로 추정되어야 하므로 다층자료의 신뢰도는 개인수준과 집단수준 모두에서 측정되어야 한다.

다층모형을 적용할 경우 다층자료를 단층모형으로 분석하는 데에 따른 문제점을 해결함과 동시에 각 집단들의 평균 차이, 각 집단들의 기울기 차이, 개인수준 변수와 집단수준 변수 간의 상호작용 효과 등을 확인할 수 있다.

3. 기본 원리

각 수준별로 하나의 예측변수가 투입된 **다층모형**은 다음과 같다.

$$1수준 \quad Y_{ij} = \beta_{0j} + \beta_{1j}X_{ij} + e_{ij}$$

$$2수준 \quad \beta_{oj} = \gamma_{00} + \gamma_{01}W_j + u_{0j}$$

$$\beta_{1j} = \gamma_{10} + \gamma_{11}W_j + u_{1j}$$

1수준 모형에서, Y_{ij}는 집단 j에서의 개인 i의 측정치로 모형의 종속변수에 해당한다. X_{ij}는 집단 j에서의 개인 i의 특성변수로 종속변수를 예측 또는 설명하기 위한 독립변수다. β_{0j}와 β_{1j}는 **1수준의 계수**(level-1 coefficients)로 각각 평균과 X_{ij}의 영향력에 대한 회귀계수다. e_{ij}는 1수준의 무선효과(level-1 random effect)로 집단 j에서의 개인 i의 측정치에 대하여, 독립변수에 의해 설명되지 않는 부분인 잔차(residual), 즉 무선오차를 의미한다.

2수준 모형은 1수준의 계수인 β_{0j}와 β_{1j}를 예측 또는 설명하기 위한 모형이다. 1수준의 절편과 기울기를 예측하기 위한 2수준 독립변수 W_j는 집단 j의 특성변수다. 또, γ_{00}와 γ_{10}, γ_{01}, γ_{11}는 **2수준의 계수**(level-2 coefficients)로 γ_{00}와 γ_{10}는 2수준 모형의 절편을, γ_{01}는 2수준 독립변수 W_j의 효과를, 그리고 γ_{11}는 1수준 독립변수와 2수준 독립변수의 상호작용 효과를 의미한다. u_{0j}와 u_{1j}는 2수준의 무선효과(level-2 random effect)로 집단수준의 독립변수가 설명하지 못한 각 집단별 잔차다. 앞의 모형에서 γ_{00}, γ_{10}, γ_{01}, γ_{11}는 고정효과(fixed effects) 모수이고, e_{ij}, u_{0j}, u_{1j}는 무선효과(random effects) 모수를 의미한다.

이와 더불어 종속변수의 분산을 1수준과 2수준으로 나누어 추정한 후, 전체 분산 중 집단수준의 분산이 차지한 비율, 즉 **집단내 상관계수**(intraclass correlation: ICC)를 구할 수 있다. 이를 식으로 표현하면 다음과 같다.

$$\text{ICC}= \frac{\sigma_{u0}^2}{\sigma_{u0}^2 + \sigma_e^2}$$

σ_{u0}^2: 집단간 분산
σ_e^2: 집단내 분산

2수준 무선효과(u_{0j}, u_{1j})의 통계적 유의성과 함께, 기초모형(null model)에서 산출한 ICC 역시 2수준 다층모형 적용이 적절한지에 대하여 판단하는 근거가 된다.

4. 분석 실행

다층모형의 분석을 위해서는 jamovi library에서 제공하는 모듈 GAMLj를 설치해야한다. 화면 상단의 분석 메뉴에서 오른쪽에 위치하는 모듈 아이콘 ⊞ Modules 을 클릭하면 jamovi library가 나타난다. 여기서 'GAMLj'를 찾아 설치한다. 모듈 GAMLj를 설치하면 분석 메뉴에 'Linear Models'라는 메뉴가 나타나며 이 기능에서 제공하는 혼합모형(Mixed Model)을 사용하여 분석을 실행한다.

┤ 예 제 ├

영어 성적에 영향을 미치는 요인으로 학생수준 변수는 성별과 방과후 학교 참여 여부를, 그리고 학교수준 변수는 학교의 설립 유형과 저소득층 학생 비율, 공학 여부를 선정하였다. 50개 학교와 이에 속한 10,000명의 학생을 대상으로 각 특성에 대해 측정하였을 때, 다음 질문에 답하라.

• 50개 학교의 평균 영어 성적은 어떠한가?
• 영어 성적과 관련된 변수들 간의 관계는 어떠한가?
• 평균 영어 성적은 학교에 따라 차이가 있는가?
• 영어 성적과 관련 변수들 간의 관계는 학교에 따라 차이가 있는가?
• 학교 간 차이로 발생하는 영어 성적 분산의 비율은 어떠한가?

(1) 다층모형 대화상자 열기

Analyses ▷ Linear Models ▷ Mixed Model

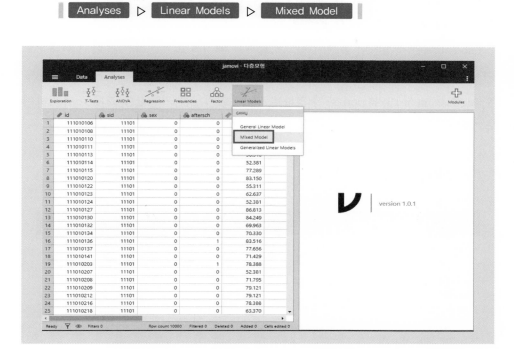

(2) 옵션 지정하기

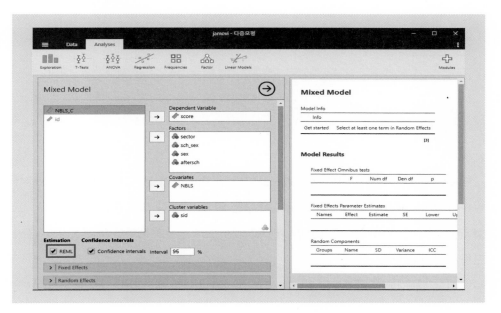

종속변수인 'score'를 Dependent Variable에 옮기고 Factors에 범주변수인 'Sector', 'sch_sex', 'sex', 'aftersch'를 옮기고 연속변수인 'NBLS'를 Covariates에 옮긴다. Cluster variables에는 'sid'를 옮긴다.

Estimation은 추정방법 옵션이며 고정효과를 제거하고 계산하는 제한된 최대우도 REML(Restricted Estimate Maximum Likelihood)이 기본값이지만, 체크를 풀면 최대우도 ML(Maximum Likelihood)로 추정하게 된다. 여기서는 기본값을 그대로 유지하여 추정한다.

(3) 고정효과 대화상자 열기

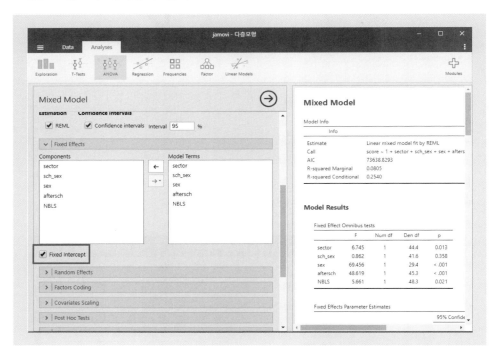

Fixed Effects 메뉴를 열면 예측변수로 지정한 변수들이 모두 왼쪽 Components에 나타나 있다. 오른쪽 Model Terms에 변수들 간의 가능한 상호작용항들이 자동 포함되어 있으나 여기서는 주효과만 확인할 것이므로 상호작용항들은 왼쪽으로 옮겨 포함시키지 않았다.

그리고 변수 창 아래의 Fixed intercept는 기본값으로 체크되어 있으며 유지한다.

(4) 무선효과 대화상자 열기

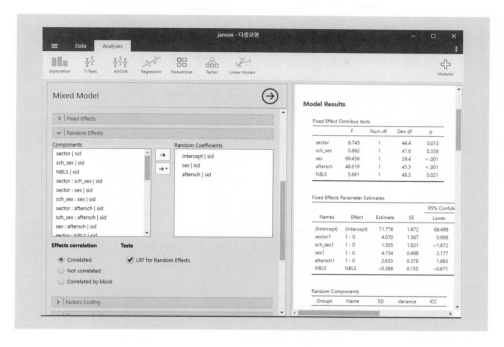

　　Random Effects를 열고 Components에서 무선기울기에 해당하는 'intercept | sid', 'sex | sid', 'aftersch | sid'를 Random Coefficients에 옮긴다.

　　Effects correlation은 변수 간의 상관이 있음을 허용하는 값으로 기본값은 Correlated 이다. 기본값을 그대로 유지하고 Test에서 LRT for Random Effects에 체크한다.

(5) Factor Coding 대화상자 열기

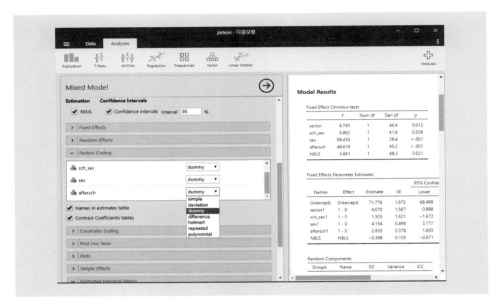

Factor Coding을 열고 dummy를 선택한다.

(6) Covariates Scaling 대화상자 열기

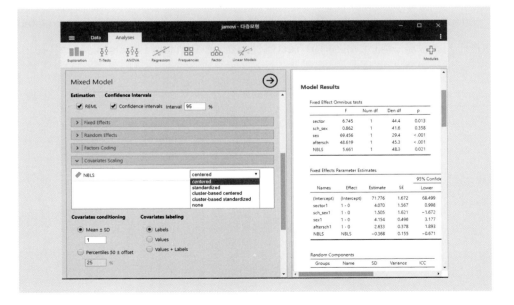

Covariates Scaling을 열고 2수준 변수인 'NBLS'를 Centered로 설정하여 전체 평균에 대해 평균중심화 하도록 설정한다.

(7) Estimated Marginal Means 대화상자 열기

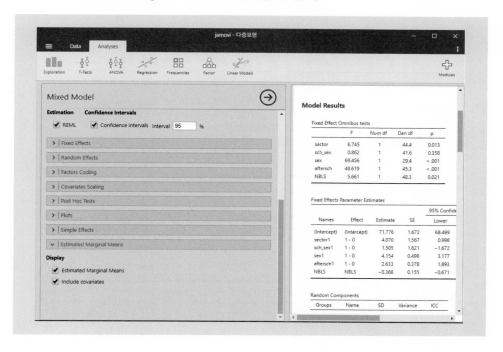

Estimated Marginal Means를 열고 각 변수들의 집단평균과 표준오차를 확인한다. Display에서 Estimated Marginal Means, Include covariates에 체크한다.

5. 분석 결과

분석 결과 1. 기술통계

Descriptives	
	score
N	9997
Missing	3
Mean	77.3
Std. error mean	0.107
Standard deviation	10.7

Descriptives		
	sex	score
N	Male	5957
	Female	4040
Missing	Male	2
	Female	1
Mean	Male	76.2
	Female	78.9
Std. error mean	Male	0.145
	Female	0.153
Standard deviation	Male	11.2
	Female	9.72

기술통계를 위해서는 예시의 결과와 같이 전체 10,000명에 대한 기술통계를 먼저 실행하고 결과를 저장한 후 설명한 바와 같이 영어점수에 대해 각 변수의 수준별 분석을 실행한다. 예시는 성별변수를 Split by에 지정하여 분석한 결과이다.

분석 결과 2. 모형정보

Model Info	
Info	
Estimate	Linear mixed model fit by REML
Call	score ~ 1 + sector + sch_sex + sex + aftersch + NBLS+(1 + sex + aftersch | sid)
AIC	73638.8293
R-squared Marginal	0.0805
R-squared Conditional	0.2540

:- 분석 결과 3. 고정효과 검정 결과

Fixed Effect Omnibus tests

	F	Num df	Den df	p
sector	6.745	1	44.4	0.013
sch_sex	0.862	1	41.6	0.358
sex	69.456	1	29.4	<.001
aftersch	48.619	1	45.3	<.001
NBLS	5.661	1	48.3	0.021

:- 분석 결과 4. 고정효과 모수추정결과

Fixed Effects Parameter Estimates

Names	Effect	Estimate	SE	95% Confidence Interval		df	t	p
				Lower	Upper			
(Intercept)	(Intercept)	71.776	1.672	68.499	75.0528	50.3	42.930	<.001
sector1	Private - Public	4.070	1.567	0.998	7.1418	44.4	2.597	0.013
sch_sex1	Coedu - Separate	1.505	1.621	-1.672	4.6819	41.6	0.929	0.358
sex1	Female - Male	4.154	0.498	3.177	5.1307	29.4	8.334	<.001
aftersch1	Participated - Not Participated	2.633	0.378	1.893	3.3734	45.3	6.973	<.001
NBLS	NBLS	-0.368	0.155	-0.671	-0.0649	48.3	-2.379	0.021

학교유형변수의 의미는 공립학교(0)에서보다 사립학교(1)에서 영어 점수가 평균적으로 4.070점 높으며 이는 유의수준 .05에서 통계적으로 유의하였다($t=2.597$, $p=.013$).

여학생(1)이 남학생(0)보다 평균적으로 4.154점 높으며 이는 유의수준 .05에서 통계적으로 유의하였다($t=8.334$, $p<.001$).

방과후 수업 참여 여부는 참여하는 학생(1)이 참여하지 않는 학생(0)보다 평균적으로 2.633점 높으며 이는 유의수준 .05에서 통계적으로 유의하였다($t=6.973$, $p<.001$).

저소득 학생의 비율은 영어점수와 부적 관계가 있으며 저소득학생의 비율이 1증가하면 영어점수는 평균적으로 .368점 감소한다. 이는 유의수준 .05에서 통계적으로 유의하다($t=-2.379$, $p<.021$). 한편 공학 여부는 통계적으로 유의하지 않았다.

:• 분석 결과 5. 무선효과 정보

Random Components				
Groups	Name	SD	Variance	ICC
sid	(Intercept)	5.08	25.78	0.222
	sex1	2.12	4.50	
	aftersch1	1.92	3.70	
Residual		9.52	90.55	

집단 내 변화량을 의미하는 1수준 분산 σ^2의 값은 90.55이며, 집단 간 변화량을 나타내는 2수준 분산 τ_{00}의 값은 25.78이다. 이를 바탕으로 한 집단 내 상관 ICC값은 25.78/(25.78+90.55)이며 .222이다. 즉, 종속변수인 영어점수의 분산 중 약 22.2%를 학교 간 차이가 설명하고 있음을 의미한다.

:• 분석 결과 6. 무선효과 검정

Random Effect LRT					
Test	N. par	AIC	LRT	df	p
sex in (1 + sex + aftersch | sid)	10	73688	29.1	3.00	< .001
aftersch in (1 + sex + aftersch | sid)	10	73692	33.3	3.00	< .001

모형 안에서 종속변수인 영어점수에 대한 예측변수 성별의 영향이 모든 학교에 걸쳐 같다는 영가설에 대해 무선효과의 우도비 검정한 결과 유의수준 .05에서 유의확률이 <.001로 통계적으로 유의하였다. 방과후 수업 참여 여부가 마찬가지로 모형 안에서 종속변수인 영어점수에 미치는 영향이 모든 학교에 걸쳐 같다는 영가설에 대한 우도비 검정결과 유의수준 .05에서 유의확률이 <.001로 통계적으로 유의하였다.

▪▪ 분석 결과 7. 추정된 주변평균

sector

sector	Mean	SE	df	95% Confidence Interval	
				Lower	Upper
Public	75.9	1.022	Inf	73.9	77.9
Private	80.0	0.933	Inf	78.2	81.8

Note. Estimated means are estimated keeping constant other independent variable(s) in the model to the mean

sch_sex

sch_sex	Mean	SE	df	95% Confidence Interval	
				Lower	Upper
Separate	77.2	1.004	Inf	75.2	79.2
Coedu	78.7	0.997	Inf	76.8	80.7

Note. Estimated means are estimated keeping constant other independent variable(s) in the model to the mean

sex

sex	Mean	SE	df	95% Confidence Interval	
				Lower	Upper
Male	75.9	0.665	Inf	74.6	77.2
Female	80.0	0.608	Inf	78.8	81.2

Note. Estimated means are estimated keeping constant other independent variable(s) in the model to the mean

aftersch

aftersch	Mean	SE	df	95% Confidence Interval	
				Lower	Upper
Not Participated	76.6	0.684	Inf	75.3	78.0
Participated	79.3	0.539	Inf	78.2	80.3

Note. Estimated means are estimated keeping constant other independent variable(s) in the model to the mean

NBLS

NBLS	Mean	SE	df	95% Confidence Interval	
				Lower	Upper
Mean-1·SD	79.3	0.833	Inf	77.6	80.9
Mean	78.0	0.586	Inf	76.8	79.1
Mean+1·SD	76.7	0.769	Inf	75.2	78.2

Note. Estimated means are estimated keeping constant other independent variable(s) in the model to the mean

6. 분석 결과 보고

분석에서 사용된 변인들의 기술통계 결과와 변수값은 〈표 19-1〉과 같다.

〈표 19-1〉 기술통계 결과 및 변수값

			평균	표준편차	빈도(명(%))
종속변수	영어 성적		77.31	10.70	10,000(100%)
학생수준	성별	남	76.2	11.2	5,959(59.6%)
		여	78.9	9.72	4,041(40.4%)
	방과후 학교 참여 여부	참여	79.4	8.61	7,793(77.9%)
		비참여	76.7	11.2	2,207(22.1%)
학교수준	학교 설립 유형	공립	75.0	11.3	4,207(42.1%)
		사립	79.0	9.87	5,793(57.9%)
	공학	별학	78.3	10.1	5,648(56.5%)
		공학	76.0	11.3	4,352(43.5%)
	저소득층 학생 비율		3.64	3.82	10,000(100%)
총	유효				9,997
	결측				3

영어 성적에 대한 다층모형분석 결과는 〈표 19-2〉와 같다.

〈표 19-2〉 영어 성적에 대한 다층모형분석 결과

		회귀계수	표준오차
교정평균		71.776***	1.684
학생수준	성별	4.154***	.498
	방과후 학교 참여 여부	2.633***	.378
학교수준	학교 설립 유형	4.070*	1.567
	저소득층 학생 비율	-.368*	.155
	공학 여부	1.505	1.621
학교내 분산		90.55	
학교간 분산	상수	25.78***	
	성별 기울기	4.50***	
	방과후 학교 참여 기울기	3.70*	

$*p<0.05$, $**p<0.01$, $***p<0.001$

　다층모형분석 결과, 저소득층 학생 비율이 평균수준인 국·공립별 학교의 영어 성적 평균은 약 71.776임을 알 수 있다. 저소득층 학생 비율을 고정시킨 후에도, 사립학교가 국·공립학교보다 영어 성적이 평균적으로 약 4.070($t=2.597$, $p=.013$)점 높은 것으로 나타났다. 학교 설립 유형과 공학 여부가 통제되었을 때, 저소득층 학생 비율이 1% 증가함에 따라 평균적으로 영어 성적은 약 .368($t=-2.379$, $p=.021$)점 유의하게 감소한다. 마지막으로, 학교 설립 유형과 저소득층 학생 비율을 고정한 후의 공학 여부에 따른 평균 차이는 유의하지 않았다.

　학생의 성별 및 방과후 학교 참여 여부와 영어 성적 간에는 유의한 상관이 있다. 즉, 다른 변수의 조건이 동일할 때, 남학생에 비하여 여학생의 영어 성적이 평균 4.154 ($t=8.334$, $p<.001$)점 높고, 방과 후 학교를 참여한 학생이 평균 2.633($t=6.973$, $p<.001$)점 영어 성적이 높다.

　다음으로 무선효과를 보면, 학교평균의 학교간 분산은 25.78로 유의하다. 즉, 영어 성적의 학교별 평균에는 유의한 차이가 있음을 알 수 있다. 성별 기울기 분산은 4.50, 방과 후 학교 참여 여부 기울기의 분산은 3.70으로 역시 유의하다. 따라서 학생의 성별 및 방과후 학교 참여 여부와 영어 성적 간의 관계는 학교마다 다르다는 것을 알 수 있다. 기초모형에서의 학교내 분산과 학교간 분산을 바탕으로 구한 집단 내 상관계수(ICC)는 .222로, 이는 종속변수인 영어 성적의 분산 중 약 22.2%가 학교

간 차이에서 기인했음을 의미한다. 즉, 학교간 분산의 유의성과 ICC를 통하여 다층
모형분석이 필요한 자료임을 알 수 있다.

제**7**부

타당도와 신뢰도

제20장 타당도

제21장 신뢰도

제**20**장 타당도

  자료를 수집하기 위하여 질문지를 사용하며, 질문지는 문항으로 구성된다. 특히 조사연구에서 연구대상의 지각이나 느낌을 묻기 위하여 질문지를 사용하며, 이 질문지는 측정하고자 하는 내용을 측정하여야 한다. 만약, 질문지의 내용이 측정하고자 하는 내용과 부합하지 않으면 수집한 자료는 타당하지 않은 자료이므로 분석할 필요가 없게 된다. 그러므로 자료를 분석하기 전에 수집한 자료에 대한 타당도를 검증하여야 한다.

1. 정의와 개념

  키를 측정하기 위하여 자를, 그리고 무게를 달기 위해서는 저울을 사용하는 것이 타당하듯이 인간의 잠재적 특성인 지능을 측정하기 위하여 지능검사를, 적성을 측정하기 위하여 적성검사를, 인성을 측정하기 위하여 인성검사를 사용하는 것이 타당하다. **타당도**(validity)는 검사도구가 측정하고자 하는 것을 얼마나 충실히 측정하였는가를 의미한다. 타당도에 대한 개념에도 변화가 있어 타당도는 검사가 가지는 고유한 속성이라기보다 검사에서 얻는 결과를 가지고 검사의 타당성의 근거를 제시하는 것이 최근 견해로서 타당도를 타당성의 근거를 수집하는 과정으로 본다.

  AERA, APA, NCME에서 1999년과 2014년에 개정한 『*Standards for Educational and Psychological Testing*』에서는 검사 내용에 기초한 근거, 반응 과정에 기초한

근거, 내적 구조에 기초한 근거, 다른 변수와의 관계에 기초한 근거, 검사결과에 기초한 근거로 분류하였으며, 다른 변수와의 관계에 기초한 근거에 수렴 및 판별근거, 검사-준거 관련성, 타당도 일반화가 있다. 이 장에서는 검사-준거 관련성에 속하는 공인타당도와 예측타당도, 내적 구조에 기초한 근거(구인타당도)에 대하여 설명한다.

 ## 2. 종류

1) 검사-준거 관련성: **공인근거**(공인타당도)

공인근거(concurrent evidence)는 검사-준거 관련성의 한 종류로서 검사점수와 준거로 타당성을 입증받고 있는 기존의 검사로부터 얻은 점수와의 관계에 의해 검정하는 타당도다. 새로운 검사를 제작하였을 때 새로 제작한 검사의 타당성을 검정하기 위하여 타당성을 보장받고 있는 기존의 검사와의 유사성 혹은 연관성에 의하여 타당성을 검정한다. 예를 들어, 연구자가 본인의 연구에 부합하는 인성검사를 제작하였을 때 그 인성검사의 공인근거를 검정하기 위하여 MMPI(Minnesota Multiple Personality Inventory) 검사와의 관계를 검정하여 새로 제작한 검사의 타당성을 판정한다.

공인타당도는 새로 제작한 검사에 의한 점수와 준거점수로 타당성을 인정받고 있는 검사의 점수 간 상관계수에 의하여 검정되므로 계량화된다. 상관계수를 분석하는 jamovi 실행을 위한 절차와 분석 결과는 제17장의 상관분석과 동일하다.

2) 검사-준거 관련성: **예측근거**(예측타당도)

예측근거(predictive evidence)는 검사-준거 관련성의 한 종류로서, 제작된 검사에서 얻은 점수와 준거로서 미래의 어떤 행위와의 관계로 추정되는 타당도다. 즉, 검사점수가 미래의 행위를 얼마나 잘 예측할 수 있느냐는 문제다. 예를 들어, 비행사 적성검사를 보았을 때 그 적성시험에서 높은 점수를 받은 비행사가 안전운행 기록이 높다면 그 검사의 예측근거가 높다고 할 수 있다.

일반적으로 적성검사가 예측근거를 중요시하는 경향이 있으며, 임상심리에서 사용되는 심리검사 등에도 자주 이용된다. 대학입시제도에서 시행되는 대학수학능력시험도 예측근거가 중요시된다. 즉, 대학수학능력시험에서 높은 점수를 획득한 학생이 대학에서 성공적으로 학업을 수행할 때, 다시 말해 학점이 높을 때 대학수학능력시험의 예측근거는 높다고 할 수 있다. 예측근거 역시 검사점수와 미래의 행동 간의 관계에 의해 추정되므로 계량화되는 특징을 지니고 있다. 상관계수에 의하여 예측타당도를 분석하는 jamovi의 실행 절차는 제17장의 상관분석과 동일하다.

3) 내적 구조에 기초한 근거(구인타당도)

내적 구조에 기초한 근거(evidence based on internal structure)란 조작적으로 정의되지 않은 인간의 심리적 특성이나 성질을 심리적 구인으로 분석하여 조작적 정의를 부여한 후, 검사점수가 조작적 정의에서 규명한 심리적 구인을 제대로 측정하였는가를 검정하는 방법이다. 즉, 검사점수를 관심 있는 심리적 속성의 측정자로 보는 데 주안점을 두고 있다. 예를 들어, 창의력을 측정할 때 창의력은 민감성, 이해성, 도전성, 개방성, 자발성, 그리고 자신감의 구인으로 구성되어 있다는 조작적 정의에 근거하여 검사를 제작, 실시한 뒤 그 검사도구가 이 같은 구인을 측정하고 있다고 판단되면 그 검사는 내적 구조에 기초한 근거를 지니고 있다고 한다. 만약, 검사 결과가 조작적으로 규정한 어떤 심리적 특성의 구인을 제대로 측정하고 있지 못하거나 다른 구인을 측정한다면 이는 내적 구조에 기초한 근거가 결여되어 있는 것이다.

구인(構因, construct)이란 심리적 특성이나 행동 양상을 설명하기 위하여 존재를 가정하는 심리적 요인을 말한다. 창의력검사의 예에서 민감성, 이해성, 도전성 등을 구인이라 할 수 있다. 지능검사에서는 Thurstone이 제안한 일곱 가지 기본 정신능력, 즉 어휘력, 수리력, 추리력, 공간력, 지각력, 기억력, 언어 유창성이 구인이다.

내적 구조에 기초한 근거(evidence based on internal structure)는 문항과 검사 구성요소와의 관계가 구인에 어느 정도 합치되는가를 분석한다. 검사가 측정하고자 하는 구인을 측정할 수 있도록 구성되어 있는가의 문제로서 문항들의 관계가 검사구조의 가정을 지지하는 정도를 말한다. 예를 들어, 건강에 대한 지각을 묻는 검사가 신체적 건강지수와 정신적 건강지수를 측정한다면 검사는 두 구인에 의하여 측정이 적합하도록 구조화되어야 한다.

　검사는 단일한 영역을 측정하거나 동질성을 지닌 여러 요소를 측정한다. 검사의 일차원성이 지켜지지 않은 검사일 경우에는 내적 구조에 기초한 타당도의 증거를 찾아보기 어렵다. 그러므로 내적 구조에 기초한 근거를 확인하기 위하여 종전의 구인타당도를 검정하는 방법으로 사용되는 요인분석을 사용할 수 있다.

 ## 3. 요인분석

　요인분석(factor analysis)은 많은 측정변수를 공통적인 요인으로 묶어 자료의 복잡성을 줄이고 측정된 변수들이 동일한 구성 개념을 측정하고 있는지를 파악하기 위한 방법이다. 따라서 검사나 측정척도의 개발 과정에서 측정도구의 타당성을 파악하기 위해 많이 사용한다. 요인분석을 통해 적절히 요인으로 묶이지 않는 문항은 해당 요인을 측정하는 데 타당하지 못한 것으로 간주되어 검사문항에서 제외하거나 수정한다. 또한 어떤 심리적 특성을 구성하는 구인 중 심리적 특성을 설명하지 못하는 구인도 요인분석을 통하여 제거한다.

1) 기본 가정

- **사례 수:** 타당한 요인분석을 위해 일반적으로 100개에서 200개 이상의 사례를 사용할 것을 권장하고 있다. 변수와 표본수의 비율은 1 : 5 정도는 되어야 한다. 세 문항으로 하나의 구인을 설명할 수도 있으나 일반적으로 하나의 구인을 설명하기 위하여 다섯 개 이상의 문항이 요구된다.
- **다변량 정상성:** 잠재적인 요인 수에 대한 통계적 추론을 하고자 하는 경우에는 모든 변수의 가능한 선형조합이 정상분포를 이루어야 한다. 이는 잔차 plot을 통해 확인할 수 있다.
- **변수들 간의 선형성:** 요인분석은 변수들 간의 Pearson 적률상관에 기초하고 있

기 때문에 변수들 간의 선형적 관계를 가정한다. 일반적으로 다변량 정상성은 모든 변수쌍의 관계가 선형적이라는 것을 의미하기 때문에 정상성 가정이 충족되면 변수들 간의 관계가 직선적이라고 판단할 수 있다.

- 다중공선성: 요인분석은 변수들 간의 상관을 기초로 분석되기 때문에 다중공선성 문제의 제약을 덜 받는 편이다. 그러나 역행렬을 필요로 하지 않는 주성분분석을 제외한 대부분의 요인분석 방법에서 지나친 다중공선성이 발견되거나 변수 특성이 완전히 일치하는 경우 이들 변수는 중복된 정보를 갖는 것을 의미하므로 분석에서 제외하여야 한다. 일반적으로 산출된 공통분이 1.0에 가깝거나 요인의 고유값이 0에 근접하면 다중공선성의 문제가 있다고 판단할 수 있다.
- 표본 상관행렬의 적절성 검정
  - 상관행렬의 크기: 변수들의 절반 이상은 ±.3을 초과하여야 요인분석이 가능하다.
  - 부분 상관계수: 변수들이 공통요인을 가지고 있다면 다른 변수들의 효과를 통제한 변수쌍의 부분 상관계수는 0에 가까워진다.
  - 표본 적절성 측정치(KMO): KMO 값이 작다는 것은 변수쌍의 상관이 다른 변수에 의해 설명되지 않는다는 것을 의미한다. KMO 값이 1에 가까울수록 요인을 분석하기에 적합함을 의미한다.
  - 개별 변수에 대한 표본의 적절성 검정(MSA): 반영 상관행렬의 대각선에 제시되는 값으로 클수록 요인분석하기에 적합함을 나타낸다.
  - Bartlett의 구형성 검정: 변수들 간의 상관이 0인지를 검정하는 것으로서 구형성 검정 통계치가 크고 그에 따른 유의확률이 작을수록($p<.05$) 요인분석하기에 적합함을 나타낸다. 그러나 이 통계치는 다변량 정상성을 엄격히 따르고 표본 크기에 의존하기 때문에 상관이 낮을 경우에도 유의미한 통계치를 나타내므로 변수와 사례 수의 비율이 1:5 이하인 경우에 유용하다.
  - 변수들 간의 상관: 요인분석될 변수들 간의 상관이 지나치게 낮거나 높을 경우 요인분석에 적합하지 않다.

2) 사용 목적

요인분석은 다음과 같은 목적으로 사용할 수 있다.

- 잠재적인 요인의 수 파악: 요인분석을 통해 관찰된 자료에서 신뢰할 만하고 해석 가능한 요인이 몇 개나 있는지를 파악할 수 있다.
- 잠재요인의 본질 파악: 요인분석을 통하여 공통적인 특성을 가지고 있는 몇 개의 문항이 하나의 요인에 높게 부하되었다면 이들 문항들은 잠재적으로 어떤 요인에 대한 개념을 가지고 있다고 판단할 수 있다.
- 잠재요인의 상대적 중요도 파악: 각 요인의 설명분산으로 요인분석을 통해 산출된 요인들의 상대적 중요도를 파악할 수 있다.
- 가설적 이론의 검정: 연구자는 사전에 이론적 배경에 의해 기대되는 요인의 수와 요인의 본질에 관한 가설을 설정하고 이를 검정할 수 있다.
- 추후연구를 위한 요인점수의 산출: 요인분석을 통해 산출된 요인점수는 중다회귀 분석이나 판별분석과 같은 다른 목적을 위한 분석에 사용할 수 있다.

3) 기본 원리

요인분석의 기본 개념을 **수학적 모형**으로 나타내면 다음과 같다.

$$\sigma_x^2 = h^2 + s^2 + \epsilon^2$$

σ_x^2 : 변수 x의 전체 분산
h^2 : 공통요인의 분산(공통분)
s^2 : 특수요인의 분산
ϵ^2 : 오차분산
$s^2 + \epsilon^2 = u^2$: 고유분산

요인분석의 목적은 일반적으로 **공통요인 분산**인 h^2의 탐색에 있다. 이를 위한 요인방정식은 다음과 같이 전개할 수 있다.

$$Z_j = a_{j1}F_1 + a_{j2}F_2 + \cdots\cdots + a_{jk}F_k + U_j$$

Z_j : j번째 변수의 표준점수
a_{jk} : j번째 변수의 요인 $k(F_k)$에 대한 가중치(계수)
U_j : j번째 변수의 고유분산

　요인분석은 연구에서 다루는 변수에 대한 관찰치를 기초로 이들 변수의 수보다 적은 수의 $F_1, F_2, \cdots\cdots F_k$ 요인들이 갖는 가중치 계수 $a_1, a_2, \cdots\cdots a_k$를 수학적 방법에 의해 찾아내려는 것이다.

4) 절 차

요인분석은 다음의 **절차**에 의해 이루어진다.

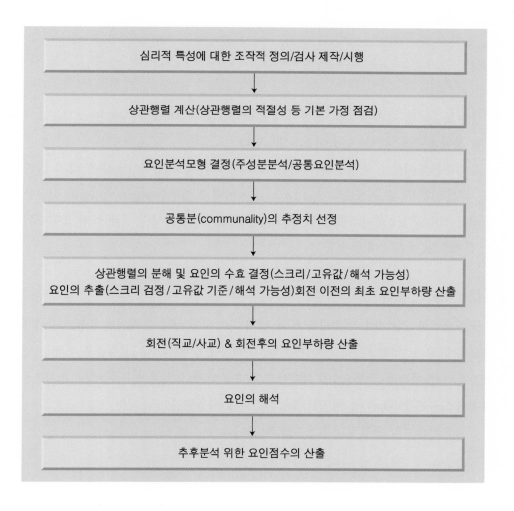

심리적 특성에 대한 조작적 정의/검사 제작/시행

상관행렬 계산(상관행렬의 적절성 등 기본 가정 점검)

요인분석모형 결정(주성분분석/공통요인분석)

공통분(communality)의 추정치 선정

상관행렬의 분해 및 요인의 수효 결정(스크리/고유값/해석 가능성)
요인의 추출(스크리 검정/고유값 기준/해석 가능성)회전 이전의 최초 요인부하량 산출

회전(직교/사교) & 회전후의 요인부하량 산출

요인의 해석

추후분석 위한 요인점수의 산출

5) 모 형

(1) 주성분분석

주성분분석(principal component analysis)은 서로 상관관계가 높은 변수들을 조합해서 그 변수들의 정보를 가능한 많이 함축하고 있는 새로운 인위적인 변수를 만들어 내기 위한 기법으로 많은 양의 자료를 단순화하고 요약·정리하기 때문에 '**자료 축약기법**'이라고도 한다.

주성분분석의 수학적 모형은 다음과 같다.

$$z_j = a_{j1}F_1 + a_{j2}F_2 + \cdots\cdots + a_{jk}F_k$$

주성분분석은 각 변수들의 분산이 공통요인만 존재한다고 가정하는 모형으로서 관찰 상관행렬의 대각선 원소에 1을 대입한다.

주성분분석에서는 주성분의 의미를 파악하기 위해 '**회전**(rotation)'을 하지 않는다. 회전을 하면 각 주성분의 eigen vector가 바뀌고 회전한 eigen vector를 이용한 주성분 점수의 분산은 더 이상 '최대'가 아니므로 주성분분석의 원래 목적에 위배되는 결과를 가져오기 때문이다.

(2) 공통요인분석

공통요인분석은 최초 변수들을 통해 쉽게 파악되지 않는 잠재적인 공통요인이나 차원을 알고자 할 때 사용되는 기법이다. 주성분분석에서는 요인 추출을 위해 전체 분산을 사용하지만 공통요인분석에서는 특수분산과 오차분산(특수분산과 오차분산의 합을 고유분산이라 함)을 제외한 공통분산만을 사용한다.

공통요인분석의 수학적 모형은 다음과 같다.

$$z_j = a_{j1}F_1 + a_{j2}F_2 + \cdots\cdots + a_{jk}F_k + d_n U_n$$

6) 기초 구조 추출방법

(1) 공통분의 추정치 선정

- 다중상관제곱치: 각 변수를 종속변수로 하고 나머지 모든 변수를 예측변수로 하는 회귀식에서 종속변수에 대한 R^2을 구하는 방법(단일주축분해 시 사용)
- 재분해를 통한 반복추정: 분석될 축소 상관행렬이 여러 차례 분석되면서 공통분의 적절한 추정치가 구해지는 방식(반복주축분해 시 사용)
- 상관계수들의 절대치 중 최대값: 해당 변수가 다른 변수들과 가지는 상관계수들의 절대치 중 최대값을 사용하는 방법으로 원 상관행렬이 역을 가지지 못할 경우에 유용하다.

(2) 상관행렬의 분해

- 주성분분석: 주축분해법에 의해 원 상관행렬 분해
- 공통요인분석: 주축분해법 또는 최대우도법에 의해 축소된 상관행렬 분해

주축분해방식은 연구자가 사전에 요인의 개수에 대해 분명한 선택을 할 것을 요구한다. 따라서 이론적인 검토와 기존 연구들을 토대로 사전에 요인의 개수에 대한 많은 정보를 가져야 한다. 최대우도방식은 측정변수들이 다변량 정규분포를 따른다는 가정하에 요인 수효의 가설에 대한 검정을 해 준다는 장점이 있다. 그러나 사례 수가 많으면 χ^2 검정에 의한 요인 개수의 결정은 이론적으로 무의미한 요인을 필요 이상으로 많이 추출하게 될 가능성이 높다는 것을 유의하여야 한다.

(3) 요인의 수효 결정

- 스크리 검사: 고유값(eigen value)의 차이를 기준으로 급격한 차이 및 평준화가 나타나기 직전까지를 가능한 요인의 수로 해석한다.
- 누적분산퍼센트 기준: 요인이 추가될 때의 누적분산퍼센트를 기준으로 하여 전체 공통분산의 60% 이상 설명될 수 있는 요인 수를 기준으로 한다.
- 해석 가능성: 이론적 근거를 토대로 한 해석 가능성을 검토한다. 공통요인분석에서는 최종 요인 구조를 해석할 때 적어도 3개 이상의 변수를 기초로 해야 의

미 있는 요인이 될 수 있다.

7) 요인의 회전

요인 회전은 최초의 요인부하들로부터 명확히 설명되지 않는 요인을 '단순구조'로 전환하는 목적을 가지고 있다. 단순구조로 회전하면 각 문항(변수)은 한 요인에만 높게 부하되고 다른 요인에는 상대적으로 낮게 부하되어 '요인적으로 순수한' 요인구조가 된다. 요인구조가 단순화되면 최초의 요인부하로 설명되지 않던 요인구조가 유의미하게 해석되고 요인의 유용성이 개선된다.

요인의 회전은 크게 직교회전과 사교회전으로 구분된다. 최초의 요인부하량들이 두 요인축상에 산재해 있을 때는 요인을 해석하는 것이 용이하지 않기 때문에 해석을 위해 직각을 유지하면서 요인축을 회전하는 것($\cos\theta = 90°$, 요인 간 상관＝0)이 **직교회전**이고, 직각을 유지하지 않은 채 요인부하들의 중심을 통과하도록 축을 회전하는 것($\cos\theta \neq 90°$, 요인 간 상관≠0)이 **사교회전**이다.

8) 분석 실행

> 예 제
>
> 사회부적응성 측정도구는 외로움, 자존감, 불안, 우울, 수줍음의 5가지 하위척도로 구성되어 있으며, 각 하위척도는 여덟 개의 문항으로 구성되어 있다. 사회부적응성 측정도구는 타당한가?

(1) 요인분석 대화상자 열기

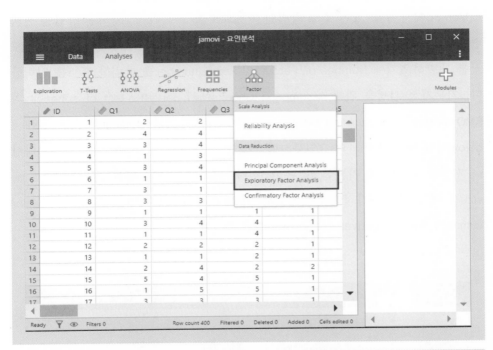

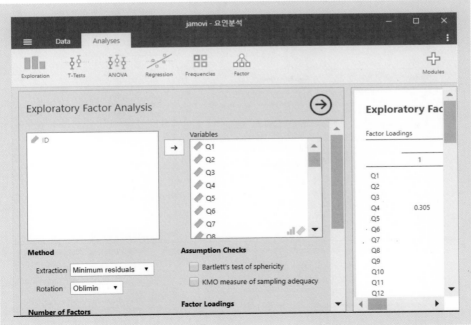

요인분석을 수행하고자 하는 문항들을 Variables로 옮긴다.

(2) 요인분석 메뉴 선택하기

Method에서 주축 요인 추출 방법인 Principal axis와 Varimax 회전 방법을 선택한다. 본 실행에서는 연구자의 이론적 배경에 의하여 요인수가 5개임을 설정한 도구를 개발하였기에 Number of Factors의 Fixed number를 클릭한 후 5를 입력한다. 기본가정 검정을 위해 Assumption Checks에서 Bartlett's test of sphericity와 KMO measures of sampling adequacy를 선택한다. Factor Loadings의 Hide loading below에서 특정 값 이하의 요인부하량을 갖는 경우 출력을 원하지 않는 요인부하량을 지정할 수 있으며 기본설정값은 0.3이다. 크기순 정렬을 위해 sort loadings by size를 체크한다. 추가적인 분석은 Additional Output에서 선택할 수 있으며 Factor summary, Initial eigenvalues, Scree plot을 체크한다.

9) 분석 결과

▪▪ 분석 결과 1. KMO와 Bartlett의 검정

Assumption Checks

Bartlett's Test of Sphericity

χ^2	df	p
7645	666	< .001

KMO Measure of Sampling Adequacy

	MSA
Overall	0.933
Q1	0.952
Q2	0.950
Q3	0.902
Q4	0.948
Q5	0.931
Q6	0.910
Q7	0.938
Q8	0.958
Q9	0.923
Q10	0.945
Q11	0.947
Q12	0.935
Q13	0.944
Q14	0.902
Q15	0.941
Q16	0.955
Q17	0.943
Q18	0.956
Q19	0.938
Q20	0.949
Q21	0.934
Q22	0.966
Q23	0.887
Q24	0.922
Q25	0.926
Q26	0.926
Q27	0.952
Q28	0.930
Q29	0.927
Q30	0.909
Q31	0.867
Q32	0.893
Q33	0.929
Q34	0.922
Q35	0.912
Q36	0.859
Q37	0.952

변인들 간의 상관이 0인지를 검정하는 Bartlett의 구형성 검정 통계값이 7645 ($df = 666$, $p < .001$)로서 유의수준 .01에서 유의하고 표본의 적절성을 측정하는 KMO 값이 .933으로서 1에 가까우므로 상관행렬이 요인분석하기에 적합하다고 해석할 수 있다.

▪️ 분석 결과 2. 회전된 요인행렬

Exploratory Factor Analysis

Factor Loadings

	Factor 1	Factor 2	Factor 3	Factor 4	Factor 5	Uniqueness
Q16	0.725					0.325
Q19	0.720					0.394
Q14	0.716					0.431
Q15	0.705					0.413
Q17	0.700					0.373
Q18	0.655					0.370
Q20	0.644			0.316		0.410
Q21	0.618			0.339		0.429
Q31		0.778				0.370
Q32		0.731				0.442
Q33		0.721				0.404
Q30		0.720				0.423
Q34		0.604		0.369		0.461
Q36		0.560				0.646
Q35		0.532				0.566
Q37		0.511				0.587
Q24			0.718			0.414
Q25			0.707			0.417
Q26			0.641			0.515
Q23			0.547			0.636
Q28			0.531			0.562
Q29			0.507			0.659
Q27	0.338		0.452			0.575
Q22	0.422		0.427			0.536
Q9				0.650		0.490
Q10				0.597		0.513
Q11		0.334		0.489		0.573
Q12				0.487		0.608
Q13				0.486		0.583
Q8	0.300			0.478		0.583
Q7		0.326		0.389		0.640
Q3					0.651	0.515
Q6					0.633	0.450
Q2					0.521	0.544
Q4	0.392				0.497	0.485
Q5			0.371		0.412	0.652
Q1					0.409	0.631

Note. 'Principal axis factoring' extraction method was used in combination with a 'varimax' rotation

　　1～6번 문항은 요인 5(불안), 7～13번 문항은 요인 4(우울), 14～21번 문항은 요인 1(외로움), 22～29번 문항은 요인 3(자존감), 30～37번 문항은 요인 2(수줍음)를 설명하고 있다. 만약, 어떤 문항이 모든 요인에 대해 유사한 요인부하량을 나타낸다면 그 문항은 특정 요인과 관계가 없으므로 적합한 문항이라 할 수 없다.

∴· 분석 결과 3. 설명된 총분산

Factor Statistics

Summary

Factor	SS Loadings	% of Variance	Cumulative %
1	5.17	13.97	14.0
2	4.16	11.23	25.2
3	3.67	9.91	35.1
4	2.96	8.00	43.1
5	2.42	6.55	49.7

　　요인 1은 전체 분산의 13.97%를, 요인 2는 전체 분산의 11.23%를, 요인 3은 전체 분산의 9.91%를, 요인 4는 전체 분산의 8.00%를, 요인 5는 전체 분산의 6.55%를 설명하고 있다. 따라서 다섯 개 요인은 전체 분산의 49.7%를 설명해 준다.

∴· 분석 결과 4. 스크리 도표

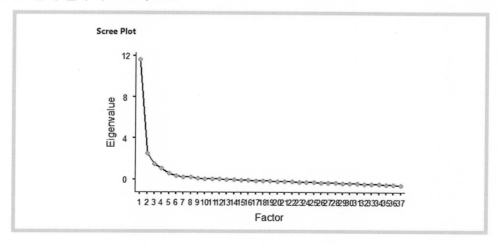

스크리 도표를 볼 때 요인의 수가 다섯 개인 지점부터 경사가 완만해지므로 추출될 요인의 수는 다섯 개가 적당함을 알 수 있다. 요인 수를 결정함은 연구자의 주관적 판단이 적용될 수 있다. 주관적 판단이란 임의적 판단이 아니라 이론적 혹은 경험적 배경에 의한 것이다.

10) 보고서 작성

요인분석의 결과를 보고할 때 다음의 사항들에 대해 제시하여야 한다.

- 원 상관행렬, 표본 크기
- 요인분석모형 및 기초 구조추출방법, 변수의 공통분 추정방법, 요인수효 결정 방법
- 고유치, 설명분산, 기초 구조에 대한 회전방법
- 최종 요인행렬 및 요인 간 상관행렬(사각구조인 경우), 최종 구조에서의 요인해석 방침

11) 분석 결과 보고

검사에 포함되어 있는 문항들이 이론에서 가정하고 있는 요인 구조를 타당하게 반영하고 있는지 알아보기 위해 확인적 요인분석을 실시하였으며, 분석 결과는 〈표 20-1〉과 같다.

〈표 20-1〉 사회적 부적응성 측정도구에 대한 요인분석 결과

	요인 1 외로움	요인 2 수줍음	요인 3 자존감	요인 4 우울	요인 5 불안
Q16	0.725				
Q19	0.720				
Q14	0.716				
Q15	0.705				
Q17	0.700				
Q18	0.655				
Q20	0.644			0.316	
Q21	0.618			0.339	
Q31		0.778			
Q32		0.731			
Q33		0.721			
Q30		0.720			
Q34		0.604		0.369	
Q36		0.560			
Q35		0.532			
Q37		0.511			
Q24			0.718		
Q25			0.707		
Q26			0.641		
Q23			0.547		
Q28			0.531		
Q29			0.507		
Q27	0.338		0.452		
Q22	0.422		0.427		
Q9				0.650	
Q10				0.597	
Q11		0.334		0.489	
Q12				0.487	
Q13				0.486	
Q8	0.300			0.478	
Q7		0.326		0.389	
Q3					0.651
Q6					0.633
Q2					0.521
Q4	0.392				0.497
Q5			0.371		0.412
Q1					0.409
고유값	5.17	4.16	3.67	2.96	2.42
설명분산	13.97	11.23	9.91	8.00	6.55
누적분산	14.0	25.2	35.1	43.1	49.7
문항 수	8	8	8	7	6

** 반복주축분해법과 직교회전에 의한 분석 결과

다섯 개의 요인을 추출한 결과, 전체 분산의 49.7%가 설명되고 있으며 .3 이상의 요인부하량을 나타내는 문항을 해당 요인에 포함되는 것으로 판단할 때 첫 번째 요인은 외로움, 두 번째 요인은 수줍음, 세 번째 요인은 자존감, 네 번째 요인은 우울, 다섯 번째 요인은 불안으로 분류할 수 있다. 따라서 총 37개 문항으로 구성된 사회적 부적응성 측정도구는 다섯 개의 요인으로 구성되어 있다고 볼 수 있다.

제**21**장 신뢰도

수집한 자료가 타당하다면 이어서 신뢰로운지를 확인하여야 한다. 측정한 자료가 오차 없이 정확하게 측정하였느냐와 같이 질문지에 의하여 수집된 자료가 오차 없이 측정한 신뢰할 만한 자료인지를 검정하여야 하므로 신뢰도를 설명한다.

 1. 정의와 개념

신뢰도(reliability)는 측정하려는 것을 어느 정도 일관성 있고 정확하게 재고 있느냐와 관련된 것으로서 측정의 정확성을 의미한다. 즉, 측정오차 없이 정확히 측정하였느냐의 문제다. **관찰점수**는 **진점수**와 **오차점수**로 합성되어 있다. 만약, 오차점수가 0이라면 관찰점수와 진점수가 같으므로 신뢰도는 1이 된다. 그러므로 신뢰도는 관찰점수의 분산 중에 진점수가 차지하는 비율을 나타낸다.

 2. 종 류

신뢰도 계수의 추정방법에는 재검사신뢰도와 동형검사신뢰도, 반분검사신뢰도,

문항내적일관성신뢰도가 있다.

1) 재검사신뢰도

재검사신뢰도(test-retest reliability)는 동일한 검사를 동일한 피험자 집단에 일정 시간 간격을 두고 두 번 실시하여 두 검사 점수의 상관계수로 신뢰도를 검정하는 방법이다. 추정은 간단하지만 검사를 두 번 실시해야 하는 번거로움과 기억 및 성장효과 때문에 시험 간격에 따라 신뢰도 계수가 변화하는 문제를 지니고 있다. 따라서 이 방법에 의해 추정한 신뢰도 계수를 제시할 때는 시험 간격을 언급해야 한다. 재검사신뢰도는 두 검사의 상관계수를 추정하여 보고한다. 재검사신뢰도 추정을 위한 jamovi 실행 절차는 제17장 상관분석을 위한 jamovi 실행 절차와 동일하다.

2) 동형검사신뢰도

동형검사신뢰도(parallel-form reliability)는 동형의 검사를 제작한 뒤 동일 피험자 집단에게 실시하여 두 검사 점수의 상관계수로 신뢰도를 검정하는 방법이다. 그러나 동형검사 제작이 쉽지 않다는 문제점을 지니고 있다. 동형검사신뢰도는 두 검사의 상관계수를 추정하여 보고한다. 동형검사신뢰도 추정을 위한 jamovi 실행 절차는 제17장 상관분석을 위한 jamovi 실행 절차와 동일하다.

3) 반분검사신뢰도

반분검사신뢰도(split-half reliability)는 검사를 두 부분으로 나누어 두 부분 간 점수의 상관계수를 계산한 후, **Spearman**과 **Brown**이 제안한 공식 $r_{XX'} = 2r_{YY'}/(1 + r_{YY'})$에 의하여 신뢰도를 검정하는 방법이다. 한 번의 검사로 신뢰도를 추정할 수 있는 장점이 있으나 검사를 양분하는 방법에 따라 신뢰도 계수가 변화하는 단점이 있다. 특히, 속도검사에서 반분검사신뢰도를 사용할 때 주의가 필요하다.

4) 문항내적일관성신뢰도

문항내적일관성신뢰도(internal consistency reliability)는 검사를 구성하고 있는 문항 간의 일관성을 측정하는 것으로서 KR-20, KR-21, Hoyt 신뢰도, Cronbach α 등이 있다. KR-20은 이분문항, KR-21은 다분문항에 적용되며 Hoyt 신뢰도와 Cronbach α은 이분문항이나 다분문항으로 구성된 접사의 신뢰도를 추정한다. 일반적으로 Cronbach α가 많이 사용되며, 공식은 다음과 같다.

$$\alpha = \frac{n}{n-1}\left(1 - \frac{\sum s_i^2}{s_x^2}\right)$$

n : 문항 수
s_i^2 : 문항 점수 분산
s_x^2 : 총점의 분산

신뢰도 계수에 영향을 주는 요인은 다음과 같다.

- 문항 수: (양질의) 문항이 많을수록 측정의 오차를 줄일 수 있다.
- 문항난이도: 검사가 너무 어렵거나 쉬우면 검사불안과 부주의가 발생하여 신뢰도가 낮아진다.
- 문항변별도: 문항이 피험자를 능력에 따라 구분할 수 있어야 신뢰도가 높아진다.
- 측정 내용의 범위: 검사 내용의 범위가 좁을 때 문항 간의 동질성을 유지하기가 쉽다.
- 검사시간: 충분한 시간이 부여될 때 응답의 안전성을 보장받을 수 있다.

3. 문항내적일관성신뢰도

1) 분석 실행

┌─────────── 예 제 ───────────┐

대학생의 대학생활에 대한 만족도를 측정하기 위하여 29개 문항으로 구성된 대학생활 만족
도 검사를 제작하였다. 이 검사를 신뢰할 수 있는가?

└─────────────────────────────┘

(1) 신뢰도 분석 대화상자 열기

Analyses ▷ Scale Analysis ▷ Reliability Analysis

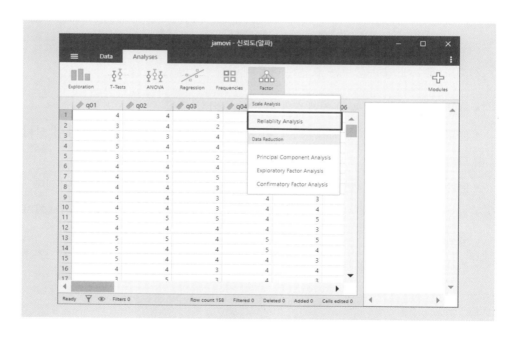

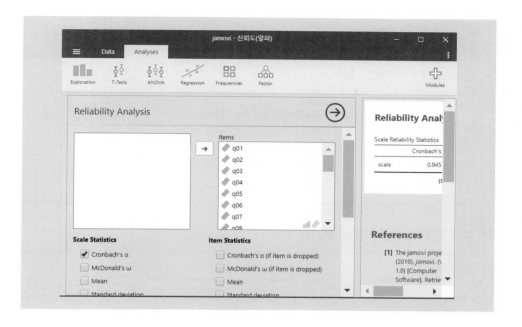

(2) 신뢰도 분석 메뉴 선택하기

Scale Statistics에서 Cronbach's α를 선택하고, Item Statistics에서 문항 제거 시 척도인 Cronbach's α(if item is dropped)를 선택한다.

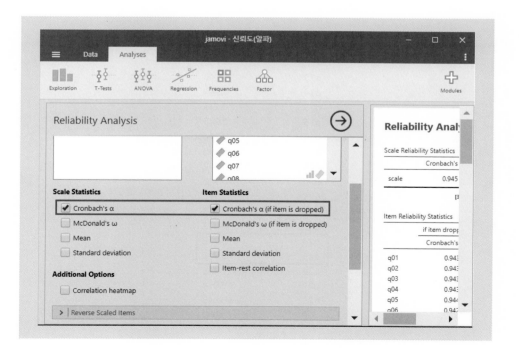

2) 분석 결과

▌• 분석 결과 1. 신뢰도 계수

Reliability Analysis

Scale Reliability Statistics

	Cronbach's α
scale	0.945

▌• 분석 결과 2. 항목 총계 통계량

Item Reliability Statistics

	if item dropped
	Cronbach's α
q01	0.943
q02	0.943
q03	0.943
q04	0.943
q05	0.944
q06	0.942
q07	0.942
q08	0.943
q09	0.943
q10	0.943
q11	0.943
q12	0.944
q13	0.943
q14	0.944
q15	0.943
q16	0.943
q17	0.944
q18	0.942
q19	0.942
q20	0.942
q21	0.942
q22	0.943
q23	0.943
q24	0.946
q25	0.946
q26	0.945
q27	0.944
q28	0.943
q29	0.942

항목이 삭제된 경우 Cronbach α는 해당 문항이 제거되었을 때의 신뢰도 계수를 나타낸다. 따라서 해당 문항을 제거하였을 때 검사도구 전체의 신뢰도보다 높아지는 경우, 검사도구의 신뢰도를 떨어뜨리는 문항이므로 2문항은 수정하거나 삭제한다.

3) 분석 결과 보고

대학생의 대학생활에 대한 만족도를 측정하기 위하여 29개 문항으로 구성된 대학생활 만족도 검사를 제작하였다. 이 검사의 신뢰도(문항내적일관성신뢰도)는 .945로 매우 높게 나타났다.

참고문헌

설현수(2019). jamovi 통계프로그램의 이해와 활용. 서울: 학지사.

성태제(2019). SPSS/AMOS/HLM을 이용한 알기쉬운 통계분석(3판). 서울: 학지사.

성태제(2019). 현대기초통계학-이해와 적용-(8판). 서울: 학지사.

장지영(2002). 집단따돌림 피해학생 판별도구 개발. 이화여자대학교 석사학위 논문.

Fox, J., & Weisberg, S.(2018). *car: Companion to Applied Regression.* [R package]. Retrieved from https://cran.r-project.org/package=car.

Gallucci, M. (2019). *GAMLj: General analyses for Linear models.* [jamovi module]. Retrieved from https://gamlj.github.io/.

Good. C. V. (1959). *Dictionary of education.* NY: McGraw-Hill Inc.

Hox, J. (2002). *Multilevel Analysis: Techniques and Applications.* Mahwah, NJ: Lawrence Erlbaum Associates.

Jarek, S. (2012). *mvnormtest: Normality test for multivariate variables.* [R package]. Retrieved from https://cran.r-project.org/package=mvnormtest.

Kirk, R. E. (1982). *Experimental design: procedures for the behavioral sciences* (2nd ed.). Pacific Grove, CA: Brooks/Cole.

Lenth, R. (2018). *emmeans: Estimated Marginal Means, aka Least-Squares Means.* [R package]. Retrieved from https://cran.r-project.org/package=emmeans.

Marsh, H. W., Balla, J. R., & Hau, K. T. (1996). An evaluation of incremental fit indies: A clarification of mathematical and empirical properties. In G. A. Harcoulides, & R. E. Schumaker (eds), *Advanced structural equation modeling.* Mahwah, NJ: Erlbaum.

Pearson, K. (1896). Mathematical contribution to the theory of evolution: III. Regression, heredity and panmixa, *Philosophical Transactions, 187,* 253-318.

Pedhazur, E. J. (1982). *Multiple Regression in Behavioral Research: Explanation and Prediction* (2nd ed.). Holt, Rinehart and Winston Inc.

Raudenbush, S. W., & Bryk, A. S. (2002). *Hierarchical Linear Models: Applications and Data Analysis Methods, Second Edition.* Newbury Park, CA: Sage.

R Core Team (2018). *R: A Language and environment for statistical computing.* [Computer software]. Retrieved from https://cran.r-project.org/.

Revelle, W. (2019). psych: Procedures for Psychological, and Personality Research. [R package]. Retrieved from https://cran.r-project.org/package=psych.

Rossel, Y., et al. (2018). lavaan: Latent Variable Analysis. [R package]. Retrieved from https://cran.r-project.org/package=lvaan.

Singmann, H.(2018). *afex: Analysis of Factorial Experiments.* [R package]. Retrieved from https://cran.r-project.org/package=afex.

The jamovi project(2019). *jamovi.*(Version 1.0)[Computer Software], Retrieved from https://www.jamovi.org.

찾아보기

$1-\beta$ 77
1수준의 계수   265
2수준의 계수   265
Cramer V   206
Cronbach α 301
Durbin-Watson 통계값   231
eigen vector   288
Hoyt 신뢰도   301
Kendall의 타우   206
KR-20   301
KR-21   301
Levene   97
Likert 척도   24
Pearson의 적률상관계수   206
Scheffé   118
Spearman의 등위상관계수   206
Tukey   118
Welch-Aspin 검정   99
F통계값   103
Z점수   229
χ^2검정   193

가상적 분포   69
가설   73
감마   198
검사-준거 관련성   282
검정값   86
검정력   77
결정계수   222
결측값   17
경험과학   13, 14
고정효과   264
공분산   169
공분산분석   169
공상관 요인   264

공인근거   282
공인타당도   282
공차   230
공통요인분석   288
교차설계   123
교차표   193
구인타당도   283
구형성   150
귀무가설   74
기대도수   194
기술통계   18

다변량분산분석   183
다중공선성   285
단계선택법   230
단순비교   118
단순회귀분석   219
단일표본 t검정   84
대립가설   74
데이터 편집기   27
독립변수   22
두 독립표본 t검정   94
두 종속표본 t검정   93
등가설   76
등간척도   20
등분산 가정   99, 100
등분산 검정   97

로지스틱 회귀계수   247
로지스틱 회귀분석   245
로짓모형   246

막대도표   49
매개변수   22
명명척도   19

모집단　15
모집단분포　67
무선효과　265

반복설계　139
범위　55
범주변수　24
범주형　49
변수　16
변수 계산　33
변수 추가　41
복합비교　135
부등가설　76
부분기울기　228
부호화　17
분산　55
분산팽창계수　230
분포　67
분할계수　198
분할구획요인설계　154
비모수통계　84
비서열 질적변수　23
비연속변수　24
비율척도　21
빈도분석　49

사교회전　290
사례　16
사분위수　55
상관계수　79
상수　22
상호작용　124
서술적 가설　75
서열 질적변수　23
서열척도　19
승산비　246
신뢰도　299
실제적 유의성　78
실험　16

양방적 검정　76
양적변수　23
에타제곱　115
연구가설　75
영가설　74
예측근거　282
예측타당도　282
왜도　56
요인부하량　290
요인분석　284
유의수준　77
이론적 분포　69
이원분산분석　1234
일방적 검정　76
일원분산분석　101
임의단위　20
임의영점　20
입력방법　229

자료 변환　33
전진선택법　230
전체가설　118
절단점　55
절대단위　20
절대영점　21
절대척도　21
절편　220
제1종 오류　77
제2종 오류　77
제Ⅰ유형　175
조사　16
종속변수　22
주성분분석　288
중다회귀모형　228
중다회귀분석　219, 228
중심경향　49
중심극한정리　71
중앙값　55
직교회전　290
질적변수　23

척도 19
첨도 56
최대값 55
최빈값 55
최소값 55
추정치 68
측정 19

카이제곱 257
케이스 16
케이스 추가 38
코딩 17
코딩변경 35
코딩양식 17

타당도 281
통계적 가설 75
통계적 유의성 78

통계치 15, 67

퍼센트 199
평균 55
평균의 표준오차 55
표본 15
표본분포 68
표준편차 55
표준화 회귀계수 241
표집분포 69

회귀계수 227
회귀모형 229
회귀분석 219
획득도수 193
후진제거법 230
히스토그램 49

저자 소개

■ **성태제**(Seong Taeje)

고려대학교 사범대학 교육학과
Univ. of Wisconsin-Madison 대학원 M.S.
Univ. of Wisconsin-Madison 대학원 Ph.D.
Univ. of Wisconsin-Madison Laboratory of Experimental
    Design Consultant
이화여자대학교 교육학과 교수
이화여자대학교 사범대학 교육학과장
대학수학능력시험 평가부위원장
이화여자대학교 입학처장
입학처장협의회 회장
이화여자대학교 교무처장
한국교육평가학회 회장
정부업무평가위원
경제 · 인문사회연구회 기획평가위원장/연구기관 평가단장
MARQUIS 『Who's who』 세계인명사전 등재(2008~현재)
홍조근정 훈장 수훈
한국대학교육협의회 사무총장
한국교육과정평가원장

E-mail: tjseong@ewha.ac.kr
Homepage: http://home.ewha.ac.kr/~tjseong

● 저서 및 역서
문항반응이론 입문(양서원, 1991; 학지사, 2019)
현대기초통계학의 이해와 적용
    (양서원, 1995; 교육과학사, 2001, 2007; 학지사, 2011, 2014, 2019)
타당도와 신뢰도(학지사, 1995, 2002)
문항제작의 이론과 실제(학지사, 1996, 2004)
교육연구방법의 이해(학지사, 1998, 2005, 2015, 2016)
문항반응이론의 이해와 적용(교육과학사, 2001, 2016)
현대교육평가(학지사, 2002, 2005, 2010, 2014, 2019)
수행평가의 이론과 실제(이대출판부, 2003, 공저)
연구방법론(학지사, 2006, 2014, 공저)
알기 쉬운 통계분석(학지사, 2007, 2014, 2019)
최신교육학개론(학지사, 2007, 2012, 2018, 공저)
교육평가의 기초(학지사, 2009, 2012, 2019)
한국교육, 어디로 가야 하나?(푸른역사, 2010, 공저)
준거설정(학지사, 2011, 번역)
2020 한국 초 · 중등교육의 향방과 과제(학지사, 2013, 공저)
교육단상(학지사, 2015)
교수 · 학습과 하나되는 형성평가(학지사, 2015, 공저)
실험설계분석(학지사, 2018)

jamovi를 이용한
알기 쉬운 통계분석
-기술통계에서 다층모형까지-
An Easy Statistical Analysis:
From Descriptive Statistics To Multi Level Model

2019년 9월 10일 1판 1쇄 발행
2022년 2월 10일 1판 2쇄 발행

지은이 • 성 태 제
펴낸이 • 김 진 환
펴낸곳 • (주)**학지사**
       04031 서울특별시 마포구 양화로 15길 20 마인드월드빌딩 5층
대표전화 • 02) 330-5114   팩스 • 02) 324-2345
등록번호 • 제313-2006-000265호
홈페이지 • http://www.hakjisa.co.kr
페이스북 • https://www.facebook.com/hakjisabook

ISBN 978-89-997-1893-9 93310

정가 **18,000원**

저자와의 협약으로 인지는 생략합니다.
파본은 구입처에서 교환하여 드립니다.

이 책을 무단으로 전재하거나 복제할 경우 저작권법에 따라 처벌을 받게 됩니다.

이 도서의 국립중앙도서관 출판시도서목록(CIP)은 서지정보유통지원시스템
홈페이지(http://seoji.nl.go.kr)와 국가자료공동목록시스템(http://www.nl.go.kr/kolisnet)
에서 이용하실 수 있습니다.
(CIP제어번호: CIP2019031608)

출판 · 교육 · 미디어기업 **학지사**

간호보건의학출판 **학지사메디컬** www.hakjisamd.co.kr
심리검사연구소 **인싸이트** www.inpsyt.co.kr
학술논문서비스 **뉴논문** www.newnonmun.com
원격교육연수원 **카운피아** www.counpia.com

자료분석 데이터 파일은 학지사 홈페이지 내
도서자료실에서 다운받아 사용하세요.